高等教育艺术设计精编教材

园林景观设计基础

梁艳 李晶 主编

清华大学出版社

北 京

内 容 简 介

本书系统地阐述了园林景观设计的基础知识,包括绪论、中西园林景观、园林景观设计的要素、园林景观布局、园林景观设计的程序、园林植物景观设计、园林景观的美和园林工程建设管理等内容。

全书遵循理论与实践相结合的原则,内容系统、丰富、实用,既可作为本科及职业院校风景园林及相关专业的教学用书,也可供城市园林绿化管理和相关科技人员学习参考。

图书在版编目(CIP)数据

园林景观设计基础/梁艳,李晶主编. —北京:清华大学出版社,2018(2025.2重印)
(高等教育艺术设计精编教材)
ISBN 978-7-302-49130-9

Ⅰ.①园… Ⅱ.①梁… ②李… Ⅲ.①园林设计-景观设计-高等学校-教材 Ⅳ.①TU986.2

中国版本图书馆 CIP 数据核字(2017)第 312778 号

责任编辑:张龙卿
封面设计:徐日强
责任校对:赵琳爽
责任印制:杨 艳

出版发行:清华大学出版社
　　　　　网　　　址:https://www.tup.com.cn,https://www.wqxuetang.com
　　　　　地　　　址:北京清华大学学研大厦 A 座　　　　邮　　　编:100084
　　　　　社 总 机:010-83470000　　　　　　　　　　邮　　　购:010-62786544
　　　　　投稿与读者服务:010-62776969,c-service@tup.tsinghua.edu.cn
　　　　　质量反馈:010-62772015,zhiliang@tup.tsinghua.edu.cn
印 装 者:涿州市般润文化传播有限公司
经　　　销:全国新华书店
开　　　本:210mm×285mm　　　印　　　张:9.25　　　字　　　数:267 千字
版　　　次:2018 年 8 月第 1 版　　　　　　　印　　　次:2025 年 2 月第 4 次印刷
定　　　价:57.00 元

产品编号:076741-01

前　言

中国园林历史悠久，园林艺术源远流长。从商朝的囿到秦汉的苑再到形成于唐宋的园，三千年历史展示出了华夏园林的博大精深，漫长的岁月留下了无数园林精品。中国园林根植于中国文化的土壤之中，形成了独具一格的园林艺术。以自然山水为主体，充分尊重自然，大胆利用自然，"妙极自然，宛自天开"的自然式山水园林理论，对世界园林艺术产生了很大的影响。因此，我国园林有着"世界园林之母"的美誉。

因为设计与经济的发展是息息相关的，在很大程度上，设计状况是经济状况的折射。今天，中国经济的持续快速发展，表明了中国设计的发展已具有了一定的基础，并预示着美好的前景！

本书从实际需要出发，在内容上突出以下特色。

第一，围绕设计的本质、含义和特征，力求使设计与艺术、设计与技术、设计与美术有机融合，试图克服长期以来设计教育领域忽视新材料、新技术，游移于美术范畴的弊端。

第二，坚持理论的指导性，注重设计理论的总结、提炼和升华，避免设计类专业教材只注重介绍技法表现的情况。

第三，在体现设计发展进程中弘扬技法传承性的同时，本书将重点置于对技法内容的阐释和创新性方面的探索，因为设计的创造性不能仅仅停留在对设计技法单纯掌握的层面上，极富创造力的设计本身就包含了技法的创新，往往也预示着新技法的出现。

就最广泛的意义而言，风景园林规划设计学是一个专门的学科，其宗旨就是使人和室外环境相互协调。每一种艺术和设计学科，包括风景园林规划设计学，都具有特殊的、固有的表现手法。艺术家和设计师们正是利用这些手法来体现不同的风景园林效果，以供人们欣赏和学习。

本书由兰州交通大学梁艳、李晶担任主编。由于编者的水平有限，书中不足之处在所难免，敬请专家和读者批评指正。

编　者

2018 年 1 月

目　录

第一章
绪　　论

第一节　景观的概念与类别

一、景观的概念

在今天的生活中,"景观"一词运用得相当广泛,但探究其含义,在不同时期却有着很大差异。

在英语中,"景观"最早见于希伯来文本的《圣经》旧约全书中,英文为 landscape,被用来描述圣城耶路撒冷所罗门王子瑰丽的神殿以及具有神秘色彩的皇宫和庙宇,这时的"景观"可以理解为"风景"或"景色",具有视觉美学的含义。

现代英语中景观对应的 landscape 一词则是出现于 16 世纪与 17 世纪之交,作为一个描述自然景色的绘画术语,引自于荷兰语,意为"描绘内陆自然风光的绘画",用以区别肖像、海景等。后来亦指所画的对象——自然风景与田园景色,也用来表达某一区域的地形或者从某一点能看到的视觉环境。18世纪,英国园林设计师们直接或间接地将绘画作为园林设计的范本（图 1-1）,将风景绘画中的主题与造型移植到了园林设计的过程中,这样创造出来的景观形式都类似于风景绘画,从而将"景观"一词与"造园"联系起来。

19 世纪以后,不同专业对景观概念的解释更加纷繁复杂。目前,对景观的研究主要集中在地理学、生态学和景观规划设计三个学科中。

作为一种专业名词,从艺术的角度来说,景观是具有审美价值的景物,是观察者从视觉、听觉和触觉等多方面都能感受到的美的存在；从精神文化的角度来说,景观是能够影响或调节人类精神状态的景物；从生态的角度来说,景观是能够协调人类与自然之间的生态平衡的景物。景观是人所向往的自然,是人类的栖居地,是人造的工艺品,是需要科学分析方能被理解的物质系统。

⬆ 图 1-1　英国风景画《干草车》（英）约翰·康斯太勃尔

景观的含义是土地及土地上的空间和物体所构成的综合体。它是复杂的自然过程和人类活动在大地上的烙印。景观是多种功能的载体,可被理解和表现为以下内容。

风景：视觉审美的空间和环境。

栖居地：人类生活的空间和环境。

生态系统：一个具有内在和外在联系的有机系统。

符号：一种记载人类过去、表达希望和理想的环境语言和精神空间。

二、景观的类别

按照人与自然的关系划分,景观的类别如下。

（1）一类自然又称原始自然,它是天然形成的、非人力所为的景观形态,反映了大自然原有的风貌,如山岳、湖泊、峡谷、沼泽等（图1-2）。

☝ 图1-2　张家界武陵源风景区

（2）二类自然是人类生产活动过程中改造的自然。它表现在文化景观上,体现了人与自然和谐共处的关系,图1-3就是人类结合自身的生产劳动创造出的梯田景观。

☝ 图1-3　梯田景观

（3）三类自然又称美学自然,即人们按照美学的目的建造的自然,比如东西方传统园林就属于这一范畴（图1-4）。

（4）四类自然是指被人类损害又逐渐恢复的自然,如工业景观（图1-5）。

☝ 图1-4　意大利台地园

☝ 图1-5　德国北杜伊斯堡景观公园

第二节　与景观设计学相关的学科

景观设计学的产生及发展有着相当深厚和宽广的知识底蕴,如哲学中人们对人与自然之间关系（或人地关系）的认识,景观在艺术和技能方面的发展,一定程度上还得益于建筑学、城市规划、市政工程、环境艺术等相关专业。因此,谈到景观设计学时,有必要首先了解与景观设计学相关的学科,这样才可能更清楚地认识景观设计学。

一、建筑学

建筑活动是人类最早改善生存条件的尝试之一。人们在经历了上百万年的尝试、摸索之后,积淀了丰富的经验,为建筑学的诞生、人类的进步作出了巨大的贡献。

建筑作品的完成,开始是由工匠或艺术家来负责的。在欧洲,随着城市的发展,这些工匠和艺术家完成了许多具有代表性的建筑和广场设计,形成了不同风格的建筑流派。那时,由于城市规模较小,城市建设在某种意义上就是完成一定数量的建筑,建筑与城市规划是融合在一起的。工业化以后,由于环境问题的凸显以及战争的创伤(如 20 世纪的两次世界大战),人们开始对城市建设重新进行审视,例如出现了英国建筑学家霍华德的"花园城市"、法国建筑学家勒·柯布西埃的"阳光城市"和他主持完成的印度城市昌迪加尔(Chandigarh)。直到建筑与城市规划逐渐相互分离,各自有所侧重,建筑师的主要职责才转向专注于设计具有特定功能的建筑物,如住宅、公共建筑、学校和工厂等。

二、城市规划

城市规划虽然早期是和建筑结合在一起的,但是,无论是欧洲还是亚洲国家,都有关于城市规划思想的研究。如比较原始形式的居民点选址和布局问题,中国的"体国经野"区域发展的观念和影响中国城市建设发展方向的"营国制度"等。但现代城市规划考虑的是为整个城市或区域的发展制订总体规划,更偏向于社会经济发展的层面。

三、市政工程

市政工程主要包括城市给排水工程、城市电力系统、城市供热系统、城市管线工程等内容,相应的市政工程师则为这些市政公用设施的建设提供科学设计。

四、环境艺术

环境艺术更多的是强调环境设计的艺术性,注重设计师的艺术灵感和艺术创造。

第三节 现代景观设计的产生及发展

一、现代景观设计产生的历史背景

现代景观的概念是作为土地及土地上的空间和物质所构成的综合体,它是复杂的自然过程和人类活动在大地上的烙印。基于以上概念的理解,从原始人类为了生存而进行的实践活动,到农业社会、工业社会的更高层次的设计活动,在地球上形成了不同地域、不同风格的景观格局。如有专家提出的农业社会出现的生态景观、水利工程景观、村落和城镇景观、防护系统景观、交通系统景观,工业社会的工业景观及其由此带来或衍生的各种景观。

工业化社会到来之后,工业革命虽然给人类带来了巨大的社会进步,但由于人们认识的局限性,将原有的自然景观分割得支离破碎,完全没有考虑生态环境的承受能力,也没有可持续发展的指导思想,从而直接导致了生态环境的破坏和人们生活质量的下降,以至于人们开始逃离城市,以便寻求更好的生活环境和生活空间。随后景观的价值开始逐渐被人们所认识,有意识地加强创意的景观设计开始出现。

从另外的角度理解,景观设计在不同时期的发展有一条主线:在工业化之前人们为了欣赏和娱乐等目的而进行了一些景观造园活动,如国内外的各种"园""囿",并逐步形成了国内外传统的园林学、造园学。工业化之后出现的环境问题强化了景观设计的活动,从一定程度上改变了景观设计的主题,这一时期人们由娱乐欣赏转变为追求更好的生活环境,由此开始形成现代意义上的景观设计,即解决复杂的土地综合利用与开发问题,即土地、人类、城市和土地上的一切生命的安全与健康以及可持续发展的问题。

现代景观设计产生的历史背景可以归结为:工业化带来的环境污染,与工业化相随的城市化带来的城市拥挤、聚居环境质量恶化等问题,使一些有识之士开始对城市、对工业化进行质疑和反思,并寻求解决之道。代表性人物及其观点介绍如下。

1. 刘易斯·福芒德

刘易斯·福芒德在《城市发展史》一书中描述了19世纪欧洲的城市面貌及城市中的问题:"一个街区挨着一个街区,排列得一模一样,单调而沉闷;胡同里阴沉沉的,到处是垃圾,没有供孩子游戏的场地和公园;当地的居住区也没有各自的特色和吸引力。窗户通常是很窄的,光照明显不足……比这更为严重的是城市的卫生状况极为糟糕,缺乏阳光,缺乏清洁的水,缺乏洁净的空气,缺乏多样的食物。"刘易斯·福芒德开始关注并寻求解决这些问题的途径。

2. 霍华德

霍华德在《明日的花园城市》一书中认为:城市的生长应该是有机的,一开始就应对人口、居住密度、城市面积等加以限制。应配置足够的公园和私人园地,城市周围有一圈永久的农田绿地,形成城市和郊区的永久结合,使城市如同一个有机体一样,能够协调、平衡、独立自主地发展。

在人们对城市问题提出各种解决途径和办法之后,大体一致认同的观点是,应在城市中布置一定面积和形式的绿地。如城市总体规划中,城市绿地是城市用地的十大类之一。城市绿地的形式可以采取多种形式,如公园、街头绿地、生产绿地、防护林、城市广场绿地等。城市绿地可以改善城市环境,净化大气,同时又是景观设计的基本内容和重要的造景元素。

3. 奥姆斯特德

奥姆斯特德是现代景观设计的创始人。他广泛游历、访问了许多公园和私人庄园。他学习了测量学和工程学、化学等,并成为一名作家和记者。由于奥姆斯特德在学界的重要影响,在1857年秋天获得纽约中央公园(图1-6)的主管职位和设计工作,该公园于1876年全部完工。在奥姆斯特德30多年的景观规划设计实践中,他还设计了布鲁克林的希望公园、芝加哥的滨河绿地及世界博览会等。他是美国景观设计师协会的创始人和美国景观设计专业的创始人,因此,奥姆斯特德被誉为"美国景观设计之父"。

⊕ 图1-6 美国纽约中央公园

从以上描述中可看出,现代景观设计已经拉开了序幕,包括英国的改善工人居住环境的行动、美国的城市美化运动等。总之,现代景观设计已经隆重登场,开始履行它的历史使命。

二、现代景观设计学科的发展

在全世界范围内,英国的景观设计专业发展得比较早。1932年,英国第一个景观设计课程出现于莱丁大学(Redding University),后来相当多的大学于20世纪50—70年代分别设立了景观设计研究生项目。此后景观设计教育体系逐步成熟,相当一部分学院在国际上享有盛誉。

在现代景观设计学科的发展及其职业化进程中,美国走在最前列。美国景观规划设计专业教育是哈佛大学首创的。从某种意义上讲,哈佛大学的景观设计专业教育史代表了美国景观设计学科的发展史。从1860年到1900年,奥姆斯特德等景观设计师在城市公园绿地、广场、校园、居住区及自然保护地等方面所做的规划设计奠定了景观设计学科的基础,之后其活动领域又扩展到了主题公园和高速路系统的景观设计。

纵观国外的景观设计专业教育，人们非常重视多学科的结合，其中包括生态学、土壤学等自然科学，也包括文化人类学、行为心理学等人文科学，最重要的还包括要学习空间设计的基本知识。这种综合性进一步推进了学科发展的多元化。

因此，现代景观设计是在大工业、城市化和全球化背景下产生的，是在现代科学与技术的基础上发展起来的。

第四节 现代景观设计的理论基础

景观设计的主要目的是规划设计出适宜的人居环境，既要考虑到人的行为心理、精神感受，又要考虑到人的视觉审美感受，还要考虑人的生理感受，因此，景观设计离不开对生态学和人类行为、美学等方面的研究，同时要注重生态环境的构建和保护。

一、生态学及景观生态学

（一）生态学（ecology）

1866 年，德国科学家海克尔（Haeckel）首次将生态学定义为：研究有机体与其周围环境（包括非生物环境和生物环境）相互关系的科学。

麦克哈格在《设计结合自然》（Design with Nature）一书中强调"结合"（with）的重要性，他认为，一个人性化的城市设计必须表达人类与其他生命的"合作与伙伴关系"，应充分利用自然提供的潜力。麦克哈格认为设计的目的只有两个："生存"与"成功"，应从生态学的视角去重新发掘我们日常生活场所的内在品质和特征。

作为环境与生态理论发展史上重要的代表人物，麦克哈格把土壤学、气象学、地质学和资源学等学科综合起来，并应用到景观规划中，提出了"设计遵从自然"的生态规划模式。这一模式突出各项土

地利用的生态适宜性和自然资源的固有属性，重视人类对自然的影响，强调人类、生物和环境之间的伙伴关系。这个生态模式对后来的生态规划影响很大，成为 20 世纪 70 年代以来生态规划的一个基本思路。

（二）景观生态学（landscape ecology）

1969 年，克罗率先提出景观的规划设计应注重"创造性保护"工作，即既要最合理地组织调配地域内的有限资源，又要保护该地域内的美景和生态自然，这标志着"景观生态学"理论的诞生。它强调景观空间格局对区域生态环境的影响与控制，并试图通过格局的改变来维持景观的良性发展，从而把景观客体和"人"看作一个生态系统来设计。

按照德国学者戈德罗恩（Godron）等人的观点，景观生态学的研究重点在于：景观要素或生态系统的分布格局，这些景观要素中的动物、植物、能量、矿质养分和水分的流动，景观镶嵌体随时间的动态变化。他们引入了 3 个基本的景观要素：斑块、廊道和基质，用来描述景观的空间格局。进入 20 世纪 80 年代以来，遥感技术、地理信息系统和计算机辅助制图技术的广泛应用，为景观生态规划的进一步发展提供了有力的工具，使景观规划逐渐走向系统化和实用化。1995 年，哈佛大学著名景观生态学家理查德·福尔曼（Richard Forman）强调景观格局对过程的控制和影响作用，通过格局的改变来维持景观功能、物质流和能量流的安全，这表明景观的生态规划已经开始从静态格局向动态格局转变。

二、环境行为心理学

环境行为心理学（environmental psychology）兴起于 20 世纪 60 年代，经过 20 余年的研究与实践的积累之后，至 20 世纪 80 年代逐渐成熟。环境行为心理学开始以研究"环境对人行为的影响"为重点，后来发展为研究"人的行为与构造和自然环境之间相互关系"的交叉学科。环境行为心理学的研

究主要集中在以下几个方面。

（1）环境对人的心理和行为的影响，包括特定环境下公共与私密行为的方式、特征、安全感、舒适感等各种生理和心理需求的实现以及如何获得一种有意义的行为环境等。

（2）环境因素对人的生活质量的影响，涉及拥挤、噪音、气温、空气污染等。

（3）人的行为对周围环境与生态系统的影响，涉及环保行为和环境保护的心理学研究。

此外，环境行为学科的场所结构分析理论，是研究城市环境中的社会文化内涵和人性化特征的理论。它以现代社会生活和人为根本出发点，注重并寻求人与环境的和谐共存。这个理论认为城市设计思想首先应强调一种以人为核心的人际结合、聚落的必要性，设计必须以人的行为方式为基础，城市形态必须从生活本身结构发展而来。与功能派大师注重建筑与环境的关系不同，该理论关心的是人与环境的关系。

三、景观美学理论

不同的学者有不同的美学理论，对美有不同的阐释，柏拉图认为"美是理式"，亚里士多德认为"美是秩序、匀称和明确"，黑格尔认为"美是理念的感性显现"，蔡仪认为"美是典型"，朱光潜认为"美是主客观的统一"，李泽厚认为"美是自由的形式"，等等。

王长俊先生的景观美学理论认为：景观是立体的多维的存在，要求审美主体从各个不同形象、不同侧面、不同层次之间的内在联系系统中，从不同层面相互作用的折射中，去探索和挖掘景观的美学意蕴。其将景观美看作一种人类价值，但并不是一种超历史的、凝固不变的价值，它总是要随着历史的演进，随着人类关于经济、政治、文化乃至所有领域的追求而演进，只有从历史学的角度，才有可能把握景观美的本质。

四、可持续发展观念

可持续发展（sustainable development）是20世纪80年代提出的一个概念。1987年世界环境与发展委员会在《我们共同的未来》报告中第一次阐述了可持续发展的概念，得到了国际社会的广泛共识。可持续发展是指在不危及后代、满足其需要的前提下，满足当代人的现实需要的一种发展。其基本原则是寻求经济、社会、人口、资源和环境等系统的平衡与协调。在城市化迅速发展的今天，可持续发展为保证城市健康持续地发展指明了道路。

第五节　现代景观设计的原则

根据同济大学刘滨谊教授的观点，从国际景观规划设计理论与实践的发展来看，现代景观规划设计有三个层面的原则。

1. 视觉感受层面

要从人的视觉形象感受出发，根据美学规律去创造赏心悦目的景观形象。

2. 生态环境层面

要从生态环境的角度出发，在对地形、动、植物、水体、光照、气候等自然资源的调查、分析、评估的基础上，遵照自然规律，利用各种自然物体和人工材料，去规划、设计、保护令人舒适的物质环境。

3. 行为心理、精神感受、文化历史层面

要从人的行为心理、精神感受，以及潜在于环境中与人们精神生活息息相关的历史文化、风土人情、风俗习惯等出发，利用心理、文化的引导，去创造符合人的行为心理、能满足人的精神感受的景观。

第二章
中西园林景观

第一节　中国园林景观概况

中国是世界文明古国,有着悠久的历史、灿烂的文化,也积淀了深厚的中华民族优秀的造园遗产,从而使中国园林从粗放的自然风景苑囿,发展到以现代人文美与自然美相结合的城市园林绿地。中国优秀的造园艺术及造园文化传统,以东方园林体系之渊源而被誉为世界"园林之母"。学习园林景观设计,必先了解中国园林的发展历史,汲取其成果与优良传统,才能继承、创新和发展。

一、中国古代园林

从有关记载可知,中国园林的出现与游猎、观天象、种植有关。从生产发展来看,随着农业的出现,产生了种植园、圃;由人群围猎的原始生产到选择山林圈定游猎范围,从而产生了粗放的自然山林苑囿;为观天象、了解气候变化而堆土筑台,产生了以台为主体的台囿或台苑。从文化技术发展来看,园林应该比文字与音乐更早产生,而与建筑同时产生,殷墟出土的甲骨文中,就有园、圃、囿、庭等象形字。从时代、社会发展来看,在夏、商奴隶社会时就先后出现苑、囿、台。据《史记集解·夏本纪》注:夏桀有"宫室无常,池囿广大"之说,公元前16世纪之前的夏代已有囿。

中国园林的发展历史,大都按朝代、历史时期来阐述,本节则从园林绿地规划角度出发,按中国园林的主要构成要素、风格来简述中国古代园林的发展过程。大致分为自然风景苑囿,以建筑为主的山水宫苑,自然山水园与寺庙园林,写意山水园,陵墓园,庭园和府园等。

(一)自然风景苑囿——中国园林的雏形

苑和囿起初有区别,分别为两种园。苑,以自然山林或山水草木为主体,畜养禽兽,比囿规模大,有墙围着。帝王在城郊外所造规模大的园林均将其称为"苑",如秦汉上林苑,内容丰富,以人工风景为主,已非仅有的自然风景。囿,以动物为主体,发展为后来的动物园,初期比苑小,无墙。后据《毛传》中的《诗经·灵台》篇称:"囿,所以养禽兽也。天子百里,诸侯四十里。"可见当时囿与苑已无大小之别。到了汉代,将苑和囿合为一词,专指帝王所造的园。

自然风景苑囿是中国园林的雏形,以自然风景为主体,配以少量的人工景观,有一定的范围或设施。苑囿内山水,台沼,动、植物,建筑物等园林的基本要素都已初步具备,其功能是专供帝王或诸侯游猎、娱乐等。

从历史资料看,较早期的自然风景苑囿有夏桀的池园,商汤的桐宫桑林,殷纣王的沙丘苑与鹿台,商末周初的文王之囿,西周及春秋战国时各诸侯的苑囿等。其中文王之囿在《诗经》中的记述较具体一些。另据《灵台》诗所述,文王之囿由人工开凿建造而成,建有灵台、灵沼、灵囿、辟雍四大区(图2-1)。文王之囿是自然风景苑囿发展到成熟时期的标志,也是最有影响的人工造园的开端。《灵台》诗及注释中已经反映出当时就有了今天所说的园林立意、规划、审美思想,并以其独有的文化载体形式使之成为中国造园传统思想、格局、特色的典范。

⊕ 图 2-1 文王之囿

(二)以建筑为主的山水宫苑

山水宫苑是以宫廷建筑为主体,结合人工山水,动、植物而建成的园,初称离宫别馆,后称宫苑(禁苑)、御园、行宫等。而建筑逐渐与山水(人工山水)景观结合,发展为山水宫苑与写意山水园仅有建筑物多少的差别。一般造园史将其称作皇家园林,单以"皇家"所属分类,似不是十分贴切。山水宫苑,按园址所处位置(都城内外),又分作内苑、外苑。宫苑及部分御园,均为内苑,离宫别馆、行宫均为外苑。

以建筑为主的山水宫苑是由历代帝王园林经历漫长的发展过程后所形成的园林形式。春秋战国时各诸侯国都有宫苑,最有名的是春秋时(公元前433年之前)吴王夫差在今江苏苏州吴中区灵岩山所建的姑苏台与离宫;之后有战国末期秦惠文王及秦始皇在上林苑所建的阿房宫,以及秦始皇所扩建及增建的咸阳宫、新宫、信宫等。而后,有汉代所建的上林苑、建章宫。曹操邺城所建的铜雀园(西园)、芳林苑;魏文帝于洛阳所建的芳林苑。东晋时期于南京(建康)建造的华林园。隋炀帝登基后于洛阳建的西苑,于扬州建的行宫、迷宫等。唐代于长安建的内三苑(西内苑、东内苑、南内苑)与禁苑,并在城外东南隅建曲江池、芙蓉园、乐游园,在洛阳将隋炀帝西苑改建为神都苑等。北宋时,都城内园池不下20座,更有大内后

苑。南宋都城建于江南临安,民族灾难深重,而各代帝皇仍大兴宫殿、苑囿建设,宫城内建有南内苑、北内苑,其外亦建诸多御园。明清时期园林分两支,其中的一支为皇家山水宫苑,以西苑三海、故宫、圆明园、颐和园、承德避暑山庄为代表。下面对各历史阶段园林的发展状况作一简单概述。

春秋(公元前473年)时期,吴王夫差在灵岩山十余里尽修苑囿,又在宫中建海灵馆、馆娃阁、铜钩玉槛,楹槛饰以金玉,华丽至极。"山中作天池,于池中泛青龙舟,舟中盛陈妓乐,曰与西施为水嬉。"可见当时宫殿与人工山水已结合较紧密。

秦始皇统一中国后,大兴土木。《史记·始皇本纪》中载:"秦每破诸侯,写仿其宫室,作之咸阳北阪上。南临渭,自雍门以东至泾渭,殿阁复道,周阁相属。""东西八百里,南北四百里,离宫别馆相望联属。"可见规模之宏大,宫廷建筑之盛。同时,咸阳城内,先作咸阳宫,又作新宫,跨渭水南岸,继作信宫。更在上林苑中建阿房宫,以及甘泉宫、兴乐宫、长杨宫等300余处,八百里秦川布满宫廷建筑群(图2-2)。

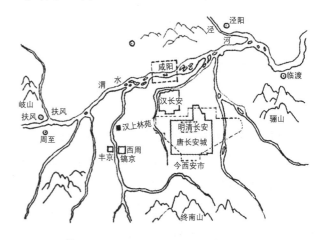

⊕ 图 2-2 历代关中地区宫廷建筑布局

秦代所建上林苑中离宫别馆与城内宫殿,是汉代宫苑的基础,汉代许多宫苑是据此改造而成的。刘邦建汉朝,先以秦兴乐宫为朝宫,改称为"长乐宫",后建未央宫、北宫。未央宫城内建宫殿43处,掘水池13处,堆山6座,以建筑为主的人工山水风景蔚为壮观。汉武帝时又大兴宫殿建筑,建有宫苑12处,以建章宫为首。宫西北筑太液池,池中筑蓬莱、

方丈、瀛洲三岛,像海中神山。这种"一池三山"的造园手法开创了我国人工山水布局之先河,为后世所仿效(图2-3)。

🕈 图 2-3 汉建章宫

东汉末曹操在邺城建铜雀园(西园)和铜雀、金凤、冰井三台,还保留着浓厚的建筑宫苑传统成分。但在邺城北郊建的芳林苑则完全尊重自然,在山川明秀的风景胜地放养着许多珍禽奇兽,保持了一定的苑囿气息。

东晋至南朝末,以建康(今南京)为都城,南京成为我国南方的造园中心。宫苑以华林园最为著名,此园与洛阳华林园同名,以建筑为主,正殿名为"华光",亦有景阳山、台。宋、齐、梁、陈朝先后又对南京华林园进行修建、扩建。

魏晋至北魏,洛阳造园一直不断,为我国北方的造园中心。北魏时,王公贵族更是争相修宫苑、园宅,乃至互相攀比,所做建筑极尽奢华,人文与自然景观都有很大发展。魏文帝曹丕于黄初二年(221年)建西游园,筑有凌云台,上建八角井,名"明光殿"。北魏孝文帝元宏在殿北建凉风观,台东建室慈观。魏文帝还于洛阳建芳林苑,后改为华林园,其中人工山水与建筑配置非常协调、紧密,造有景阳山、天渊池诸景,其中以景阳山最为著名。

隋炀帝登基后,于洛阳建西苑。西苑周长100千米,墙周长也达63千米。苑东与宫城的御道相通,夹道植长松高柳,开行道树之先。全苑规划布局虽然以水体为主,开有五湖一海,且苑周环水,象征四

海环绕、周通天下之意,但是建筑仍然占主导地位。西苑建筑分为16个院区,北海三岛上亦有建筑,为宿苑,并与写意山水构成一体。隋炀帝还于扬州建迷宫(即迷楼)及随园(又称上林苑)为行宫。

唐代是我国历史上政治、经济、文化及对外贸易、交流最繁荣的一个时期,也是我国造园全面兴盛与发展的一个时期。唐代的造园思想、艺术、规划、布局不仅全面继承、综合了前代造园的优秀传统,而且有新的创新、发展,造园普及且类型多样。历史著作、文学作品记载丰富,流传久远,影响巨大。

唐朝以隋朝大兴城为都城,后改名长安,以洛阳为陪都(称东都),长安与洛阳为唐代的造园中心。现以唐大明宫为例作简单介绍。

大明宫在城北禁苑之东,唐太宗时建,供高祖李渊避暑所居。前为建筑,有含元殿;后为水体,称太液池,池中有一岛,名"蓬莱山",上有蓬莱宫,承前宫后苑传统之制。建筑呈中轴对称布局,中轴线上前后分别为含元殿、宣政殿、紫宸殿,两侧排列着对称的配殿,显得高耸庄严。含元殿的地形处理很有特色,殿建在龙首原高地上,前筑一道,逶迤七转,像龙尾垂地,称为"龙尾道",具有独创性。

宋代宫苑又有新的发展,以改造地形、诗情画意的规划设计为主,写意山水成为显著特色,如艮岳(将在写意山水园部分讲述),此处仅将北宋、南宋城内宫苑略作介绍。

北宋时期在汴京的园池很多,比较著名的不下20处,如金明池(图2-4)、芳林园、琼林苑、迎春苑、宜春苑、牧苑、蓬池、迎祥池、方池、莲花池、凝碧池、同乐园、玉津园等。其中金明池、琼林苑、宜春苑和玉津园号称汴京的"四大名园"。

金明池位于汴京城西郊门外。后周时凿池,引金水河注池,用以习水战。宋太宗时亦用以教习水军或作嬉水之用。宋徽宗时在金明池南门内建有许多殿宇。池中筑方洲,方洲与南岸相连有仙桥,状如彩虹,朱栏雁柱,十分美观。池中建有水殿,池南建有宝津楼于高台之上,宽一百丈(长度单位,1丈相当于今天的3.3米,后同)。宝津楼南还有宴殿,西有

射殿和击球场所,池北有船坞,池周有围墙,四面设门,四周陆地芳草鲜美、槐树成荫。皇帝常来此游玩嬉水。

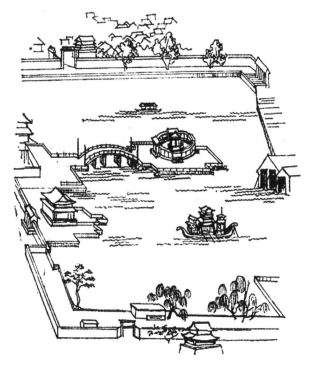

⊕ 图2-4　宋代金明池

南宋建都临安（今杭州），临安成为南方造园中心。宫城内建有南内苑、北内苑。南内苑就凤凰山麓自然地形造园，随山势高低建有聚远楼、远香堂等十余处殿宇，还建有月榭和十余组亭子，以及梅坡、芙蓉冈和松菊三径等。北内苑挖有大水池，引西湖水注池，池内叠石山象征飞来峰，沿池置亭台阁榭十余组。宫城西接凤凰山，此山甚美，状如龙飞凤舞，山上山下开辟许多景点，亭台楼阁布列其中，苍松翠柏遍山常青，四时花木分季开放。山景与内苑遥相呼应。

明清宫苑均为建筑艺术水平很高的山水宫苑。明清时期是我国古代造园发展的鼎盛时期，典型代表是至今保存完好的北京故宫。现在的中南海、北海是明清时期著名的山水宫苑；故宫后的御花园，沿袭古代"前宫后苑"旧制，规模不大，是今存宫苑的精品。

西苑，又称三海（南海、中海、北海）御园（图2-5），原为元代宫苑，明代开始修建、增建、扩建，一直至清代乾隆年间。西苑面积广大，山水处理自

然得体，苑中有园，丰富多变，富有诗情画意。

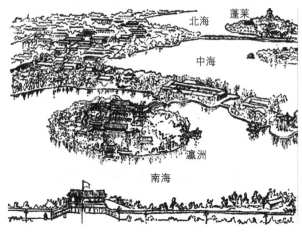

⊕ 图2-5　西苑

清代康乾盛世，造园也极其兴盛，仅北京西郊就造有"三山五园"（万寿山清漪园、香山静宜园、玉泉山静明园、圆明园、畅春园），外地更有许多行宫，尤以河北承德避暑山庄最具代表性。其造园艺术与水平达到了我国古代造园的顶峰，为我国造园艺术之集大成，而且善于、巧于融合南北造园风格及西方造园艺术于一体，有新的发展与创造。今保存较完整的有北京颐和园（原名清漪园）、承德避暑山庄，而有"万园之园"之称的圆明园仅存遗址、遗物。同时，还留有完整而丰富的园诗、园记等著作与园图、烫样。清代帝王郊园既是以建筑为主的山水宫苑，又是自然山水园和写意山水园的代表。

（三）自然山水园与寺庙园林

自然山水园是以自然山林、河流、湖沼为主体的一类园林。魏晋至南北朝，历经360多年混战（220—589年），战火不断，民不聊生，而皇室则不顾人民疾苦，大建宫室，奢侈淫逸，士大夫阶层更是玄谈玩世、崇尚隐逸、寄情山水，从而对于自然美的欣赏水平有所提高，山水画、山水诗相继出现，这些思潮都给中国园林以潜移默化的影响。特别是南朝位于我国江南一带，这里山水秀丽，气候温和，园林植物资源丰富，更是得天独厚的有利条件。当时，达官贵人们游山玩水之风盛行，为了能随时享受大自然的山水野趣，私家自然式庭院应运而生，并逐步影响到宫室、殿宇，使皇家园林也转向以自然山水题材为主，形成

南北朝时期的自然山水园。其中,最有代表性的自然山水园为南朝宋元帝修建的建康桑泊,即今天南京的玄武湖,以自然山水为主,只有少量建筑作以点缀。

明清皇家园林也沿袭了自然山水园的主要特征,承德避暑山庄就是个典型的例子。

避暑山庄位于承德北部,距北京 200 千米以上。康熙帝出古北口到围场习武行猎途中发现此处风景极佳,于是在 1703 年"度高平远近之差,开自然峰岚之势",开始建造避暑山庄,五年之后初具规模。直到乾隆四十五年(1790 年)建成(图 2-6),前后历经 80 多年。康熙建三十六景,以四字命题;乾隆建三十六景,以三字命题。避暑山庄周围 8 千米,以高大宫墙围合,占地 560 公顷。避暑山庄分山岳区、宫殿区、湖泊区和平原区四大区域,其中山岳区占 7/10 以上,而宫殿区不足 1/10,湖泊区和平原区各占 1/10 左右。自康熙之后,历代皇帝在此避暑和处理朝政长达半年之久,因此这里也是清朝的第二个政治中心。

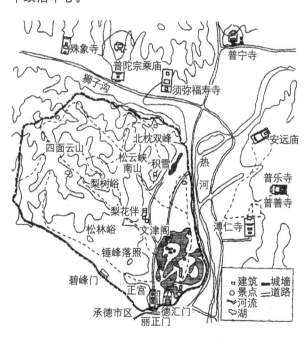

🎋 图 2-6　承德避暑山庄平面图

避暑山庄是皇家远离京都的避暑胜地,是选就自然山水清幽的天然地址加人工改造的自然山水宫苑,也是融南北风格于一体的艺术作品。在水景、山景的艺术构思和境界创造方面都有独到之处。首次

把全国园林艺术的精华向北推进到塞外,是一处可游、可观、可居又充满宗教氛围的御苑,也是清代重要的朝政场所。在艺术手法和工程技巧方面充分运用了多方因借和对比衬托的组景原则,从而达到"虽由人作、宛如天开"的艺术境界。

寺庙园林是以佛教、道教、山川神灵及历史名人纪念性建筑为主体的园林。我国在 4 世纪时就已出现,有记载的最早为东晋太元年间(376—396 年)僧人慧远创建的江西庐山东林寺。佛教在魏晋时传入中国后,到南北朝时达到鼎盛时期,"南朝四百八十寺,多少楼台烟雨中"(唐代杜牧的《江南春》)就是当时盛况的写照。

寺庙园林建筑虽然近似于宫苑的殿堂,有的与宅居的楼阁相同,其格局多为我国传统的四合院或廊院形式,但其功能、陈设与布局、构景等又有明显的特点。因其功能用于宗教、祭祀礼仪等活动,因此空间较大,呈封闭静态,以示庄严、肃穆、神圣。其陈设供奉偶像、神龛、座台、制壁画、浮雕,以造型、绘画等艺术为主。其布局对称规整、层次分明,并与园林、园池分隔,或以空廊与园林、池相通,或适当设漏窗透景,而生活用房、管理建筑多布置在僻静之处,或隐于林荫之中,规模小而幽静。

"天下名山僧占多",寺庙园林大都选自然环境优越的名山胜地,因地制宜,扬长避短,利用各种自然景貌要素,融合人文雕塑、建筑造型,创造出富有天然情趣及或浓或淡的宗教、迷信色彩的独特园林景观。下面仅以杭州灵隐寺为例略加陈述,以便具体了解寺庙园林的特点。

杭州灵隐寺,又名云林禅寺,是我国佛教禅宗十刹之一,地处景色奇艳的飞来峰山麓,名寺胜景交相辉映,既为佛教圣地,又为古今著名的游览胜地。主要建筑有天王殿、大雄宝殿、东西回廊与西厢房、联灯阁、大悲阁等,创建于东晋成和元年(326 年),距今有 1600 余年。其中佛像众多,大小各异,大者体态丰盈,姿容凝重;小者形象优美,神态生动。

寺庙园林的发展,促进了我国不少名山大川的开发,如西湖、峨眉山、黄山、庐山、泰山、衡山、九华

山、雁荡山等,都是因先有寺庙而逐步被开发成风景游览胜地。目前我国许多风景名胜区,寺庙园林占十分重要的地位,仅从保护历史文物这一点出发,我们也应该保护好风景区中的寺庙园林。

(四)写意山水园

写意山水园的出现较其他园林晚,是我国造园发展到完全创造阶段而出现的审美境界最高的一类园林。一般为文人所造的私家宅园,也有帝王所造的宫苑。南朝梁元帝(525年)时期的湘东苑,宋、齐、梁增建、扩建的南京华林园,北魏洛阳的西游园、芳林(华林)园等都是写意山水园成熟的代表。唐代宫苑及诸多文人园大加发展,形成我国写意山水园的主流。宋代开封的寿山艮岳(图2-7)为写意山水园发展到一定水平的典型代表。明清时期,我国江南文人写意山水园发展到了高峰。如南京的瞻园,扬州的个园(图2-8)、何园,上海的豫园(图2-9)、彝山园,苏州的拙政园、留园、网师园、沧浪亭等,这些文人写意山水园不仅具有极高造园艺术水平,而且至今还完整地或有遗迹保存着。下面以实例说明写意山水园的特征。

❀ 图2-7 开封寿山艮岳

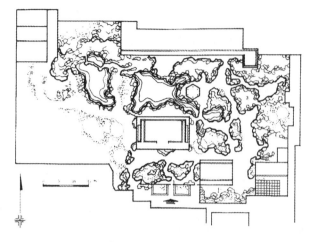

❀ 图2-8 扬州个园

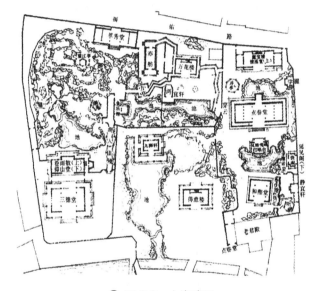

❀ 图2-9 上海豫园

1. 立意明确,意境深远

讲究造园立意是中国造园的优良传统。造园立意即造园的中心思想与情态,犹如作诗文的中心情意(主题)。常以园名、景名、楹联来揭示,以构景的形象、全园意境来表现,是造园者文化、思想、感情及审美观念的自然流露,也是写意山水园的功能特征和美学特征的集中体现,还是区别于自然山水园,建筑为主的宫苑及庭园、寺庙园的主要标准。

如作为私家园林典范亦是苏州四大名园之一的拙政园(图2-10),是明代御史王献臣以元代大弘寺为基础拓建的园林,取晋代潘岳《闲居赋》中"拙者之为政"之意命名。面积约4公顷,分中、东、西三区,共有31处景观。

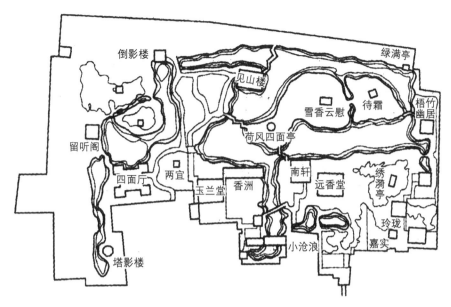

⚡ 图 2-10　苏州拙政园

拙政园以水为主,山水相亲,建筑掩映在林木之间。水复湾环,山重起伏,廊曲回绕。山水建筑有聚有散、有分有合,幽旷明暗变化自然,内外互借或对比衬托,艺术手法极为巧妙,成为江南园林的一秀。

2. 取法自然又高于自然

写意山水园虽取于自然,却并非照搬、复制,要从自然中选取模本,然后加以取舍、提炼,并再作改造、创造,将之分布于适宜之处。

取法自然,是"写意"之本;高出自然,是"写意"的创造。巧夺天工,必先"取法",体物之情,然后化情于物,融情于景,创造出情景交融的园林。如北宋开封的寿山艮岳,取法于杭州的凤凰山,而宋徽宗又以"放怀适情,游心玩思"加以联想、想象,注进自己的思想感情,设计出蓝图,创造出超出凤凰山、规模巨大的一幅立体山水画图。又如传统的以山比仁德,以水比智慧,以柳比女性、比柔情,以花比美貌,以松、柏、梅比坚贞、比意志,以竹比清高、比节操,等等。

3. 多学科与艺术的综合运用

写意山水园,从思想角度来看,需综合运用哲学、历史学、宗教学、伦理学;从构景角度来看,需综合运用地理学、气象学、植物学、建筑学;从艺术角度来看,需综合运用工程技术、文学技巧、绘画艺术、音乐艺术、雕塑艺术、书法艺术以及贯穿其中的美学。古代写意山水名园的创作者,主持者大都全面具有或基本具有这些综合修养与能力。如唐代辋川别业的主人王维,既是唐代山水田园诗的代表,又是唐代山水画的鼻祖,还兼通音乐、佛教、道教等;庐山草堂的创建者白居易是唐代三大著名诗人之一,对历史、地理、音乐、绘画及佛学无不通晓。

在诸多综合因素之中,文化素养是基础,审美能力是根本,尤其对于诗、画、对联的制作与雕塑、叠山以及景物、建筑的布局,没有很高的文化素养和很强的审美能力是难以胜任的。我国古时各个朝代造园甚多,可成为名园的毕竟是少数,其主要的或根本的原因恐怕是文化价值与审美价值不高。

4. 精于布局,巧于因借

巧于因借,即巧妙地凭借园外景色的园林构图方法,对园外景色应"极目所至,俗则屏之,嘉则收之"。构园本无定格,而在于巧变与巧于借景,但园内要协调统一,园外要扩展空间、丰富景观,这是一条基本原则。有名家称借景为"园林之最要者也"。

如寿山艮岳对于借景的运用是很成功的，内借外借，远近交辉，层次丰富而深远。主峰介亭四处皆见，临亭四望，远近之景，汴梁城尽收眼底。艮岳完全抛弃了中轴对称的格局，一切景点顺其自然布置，时起时伏、忽明忽暗、不拘常规、变化多端、主次分明、连属统一。宋徽宗在《艮岳记》最后写道："崖峡洞穴，亭阁楼观，乔木茂盛，或高或下，或远或近，一出一入，一荣一凋，四面周匝。""真天造地设，神谋化力，非人所能为者!"艮岳从四面八方搜集来的奇花异木上千种，放养珍禽奇兽无数。金兵围城时，宋钦宗曾下令尽取艮岳中的山禽水鸟十万余只放在汴河之中，杀鹿千头供卫士食用。金兵攻破汴京时将艮岳破坏殆尽，还把太湖石北运到中都（今北京）构筑琼华岛。一代园林杰作，遂在民族灾难之中化为乌有。

又如，颐和园（图2-11和图2-12）也是精于布局、巧于因借的写意山水园代表，北依万寿山，南临昆明湖，占地323公顷。颐和园善用原有山水，发扬了历代宫苑的优秀传统并加以创造，构成自然山水与人工山水融为一体的写意山水园，为今存中国园林艺术之冠。左宫右苑，三山一池，苑中有园，宫殿取予规则，苑园取予自然，景点依山而筑、依水而

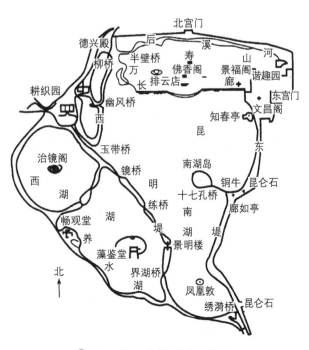

图2-11　北京颐和园平面图

设。万寿山、南湖岛象征蓬莱、瀛洲，昆明湖象征太液池，以应东海仙境之说。更在东岸设铜牛，西岸立织女石，佛香阁居高穿云，借以象征天汉（银河）。颐和园集皇家宫苑之大成，创诗情画意于自然，展幻想之形象于目前，是中华民族智慧凝结成的一块珍宝。

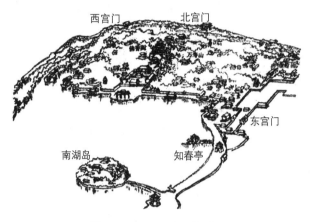

图2-12　颐和园鸟瞰图

留园也是苏州四大名园之一，内容丰满，形式自然，运用多方因借，对比衬托，达到小中见大的效果。既是诗又是画，文风雅气，极为清秀，是江南文人写意山水园的代表作品。

（五）陵墓园

陵墓园是为埋葬已死去之人的祭扫之地，是具有祭祀性质建筑的园林。陵墓园又分陵园、墓园。陵都为园；墓不一定都为园，也有仅有建筑而无园的，称园者则必有自然、人文景观布置在周围。

1. 陵园

陵园指帝王的墓地。自传说中的上古帝王至清代的帝王都建有墓地，多在各代都城近郊山明水清的位置建设。其基本构成要素有：坟丘、地面建筑、神道、石碑、雕塑像与树林等。现存古代陵园由地下建筑发掘出来的，则有墓室、室内墙壁、顶、地面的绘画、浮雕及文物等。凡今存古代著名的陵园，现代大多数都辟为风景名胜区，多为旅游胜地。如浙江绍兴禹陵，陕西黄陵县黄帝陵、临潼区秦始皇陵、兴平市汉武帝茂陵、礼泉县唐太宗昭陵、乾县唐高宗与武则天乾陵，南京南唐二陵、明太祖明孝陵，北京明

十三陵等。下面以黄帝陵、秦始皇陵和明十三陵为例作简单介绍。

黄帝陵（图2-13），是传说中的中原各族共同祖先轩辕黄帝的墓。《史记》及《黄帝本纪》中都载有"黄帝崩，葬桥山"。桥山是黄陵县城北的一座山。山上古柏成林，郁郁参天，风景古朴幽雅。陵南侧有"汉武仙台"碑，传说汉武帝在此祭黄陵，筑台祈仙。山下立有黄帝庙。

✪ 图2-13 黄帝陵 陕西省延安市黄陵县桥山

秦始皇陵（图2-14），在西安市临潼区，公元前210年建成。于山丘之下夯土筑成坟丘。今存坟丘遗迹为截顶方锥形，高76m，底面长515m、宽485m，为我国历史上体形最大的一座陵墓。地面原有享殿，相传被项羽焚毁。地下建筑尚未发掘，而据《史记》载："下铜而致椁，宫观百官奇器珍怪徙藏满之。令匠作机弩矢，有所穿近者辄射之，以水银为百川江河大海，机相灌溉；上具天文，下具地理（均为图案），以人鱼膏为烛，度不灭者久之。"可见陵内建筑、绘饰宏伟，陪葬物奢华。

✪ 图2-14 秦始皇陵 陕西省西安市临潼区

明十三陵（图2-15），在北京市昌平区天寿山下，始建于明成祖永乐七年（1409年），迄于清初（1644年），是规划完整、布局主从分明的一座巨大陵墓群。十三陵全区群山环绕，四周因山为墙。山谷中遍植松柏，山口、水口处建关城和水门，大红门外建石牌坊，门内至长陵设长约6km神道，为主干道。神道前段立长陵碑亭，亭北长道立巨大石像生18对，石兽24座（狮、象、马、骆驼、麒麟等），石人12座（武臣、文臣、勋臣各四个）。神道后段分若干支线通往其他十二陵。十二陵分布在长陵两侧，随山势向东南、西南布置，各倚一小山峰，并突出长陵的中心位置。

✪ 图2-15 明十三陵 北京市昌平区天寿山

2．墓园

墓园是除帝王之外的大臣、名人的墓地。今存古代墓园多为名胜区。如河南省永城市陈胜墓（图2-16），岿然屹立，庄严肃穆，周围松柏成林，郁郁葱葱；墓前立郭沫若题"秦末农民起义领袖陈胜之墓"的碑。

✪ 图2-16 陈胜墓 河南省永城市

今存古代最大的墓园是山东省曲阜孔林，即孔子的墓园，又称"至圣林"（图2-17）。起初墓地不过1公顷，而历代帝王不断增修、扩大，孔子后裔及孔氏族人也多埋葬于此，至清代墓地已达200公顷，林墙周长7千米有余。相传孔子弟子各持其家乡不同植物来种植，树种繁多。今有古树20000余株，如楷树、松、柏、桧等。这是我国最古老的人造园林。

⊕ 图 2-17   山东省曲阜孔林

（六）庭园和府园

庭园、府园，又称宅园、府第园，原为私人所建，将住宅与园林景观合为一体，具有栖息与游观功能。一般常住为主的称宅园、府园或山庄，而另外建造的称别业、别墅，或称庄园；游观为主的，则称花园、园池或小园。

庭园、府园始于何时，已不可考，但最初与"五亩之宅，树之以桑"的菜园、果圃、林园必有密切关联。有史料记载、墓壁画图像的，汉代住宅已有回廊、阁道、望楼及园林等，宅与园已合为一体，如西汉梁王的兔园（又称梁园、梁苑），巨商袁广汉所建园（袁广汉园）等。魏晋南北朝时，庭园、府园已经兴盛，如东晋石崇（季伦）的金谷园，南朝谢灵运的会稽山庄（又叫山居）。北朝时的洛阳，更是"争修园宅，互相竞夸"，除建筑外，高台芳树，花林曲池，"家家而筑""园园而有""莫不桃李夏绿，竹柏冬青"。唐以后至清代，庭园、府园发展更快、更普遍，而且以人文景观、写意山水为主流，名园众多，园诗、园记等作品浩繁，蔚为中国古代文化艺术的又一大观。

庭园、府园的风格与艺术特色多种多样，多数庭园、府园的构景与总体风格属写意山水园，以人工景观、创造诗情画意为主，山庄或庄园，基本属自然山水园或乡村田园。按地区风格、特色大体分为北京宅园、江南庭园、岭南庭园、川西园林。

1．北京宅园

北京宅园为明清两代王公、贵族、达官、文士所建，据载明代著名的有50多处，清代著名的有100多处，今存完整的或留有部分、遗址的有50余处。其基本特点如下。

（1）设计思想是以满足物质、精神享受与追求气派、显示政治地位相结合，与江南园林超凡脱俗有明显区别。但明、清又有所不同。明代以写意山水、借景为主，善用水景、古树、花木来创造素雅而有野趣的意境，如米万钟勺园（今为北京大学的一部分）（图2-18）、张维贤英国新公园，都善用水景，并借园外山、水、林、田等景色。

清代以建筑为多,趋于烦琐富丽。今存的有恭王府花园,前有中、东、西三组院落,后有萃锦园;院落也以山、水、峰石(飞来峰)相配,但建筑较多,且十分华丽。

⊕ 图 2-18 米万钟勺园 今为北京大学的一部分

(2)以得水为贵,郊区近水系而建;城内则缺水源,仅挖小池,叠石多为小品,特置供赏。

(3)布局受四合院及宫苑影响,采用中轴对称的形式,空间划分量少而面积大,缺乏江南庭园的幽深曲折的变化。

2. 江南庭园

江南庭园特指江浙一带的庭园,而不是一般所称长江以南地区的庭院。其地理、气候条件优越,文人名士荟萃,所建园林及其理论、艺术,古今以来影响深远。北宋以后成为我国园林的主流。归纳起来,江南庭园有以下三大特点。

(1)建筑风格淡雅朴素,即所谓文人园风格,书卷气较重。厅堂随意安排,结构不拘一格,布局自由而多变化,亭榭廊槛曲折宛转,幽雅而又清新洒脱。这种风格多为寺庙、府衙、会落、书斋乃至宫苑所师法,清代乾隆尤善仿效,如仿无锡寄畅园而建颐和园内的谐趣园(图 2-19)。

(2)以叠石理水为园林主景,形成咫尺山林的意境。叠石,是以太湖石、黄石、宣石、锦川石等制作成假山。今存有名的假山,如苏州狮子林的狮子峰、上海豫园的玉玲珑(图 2-20)、苏州留园的冠云峰、苏州十中假山池塘内的瑞云峰、杭州植物园内的绉云峰都是江南名石叠成。理水,是对园中水景的处理,以不同水形配合山石、花木、建筑组成统一的景观。"山得水而活,水得山而媚"。我国传统园林的理水,是对自然山水特征的概括、提炼和再现,具有再创性和小中见大、以少胜多的艺术效果。江南庭园的理水也很著名,如无锡寄畅园的八音涧,绍兴兰亭的"曲水流觞",苏州沧浪亭(图 2-21)、网师园中的水景等,都是园林中理水的杰作。

⊕ 图 2-19 颐和园内的谐趣园 仿无锡寄畅园

⊕ 图 2-20 豫园的玉玲珑 上海

图 2-21　沧浪亭　苏州

（3）花木繁复,布局有法。江南雨量丰沛、气候温和,造园植物资源丰富,加上园艺师的精心培育,所以园内四季常青、景色瑰丽。其布局以自然为根本,而又有章法,花、木、竹、乔、灌、丛、色、香、味、果,交相配合,巧妙布置,构成或幽雅、或清丽、或质朴的景观意境。如苏州拙政园（图 2-22）的植物配置,匠心独运,为江南古典园林的典范。

图 2-22　拙政园　苏州

3．岭南庭园

岭南庭园指广东中部、东部的清代古典园林,以岭南三大古典名园（图 2-23）,即顺德区清晖园、番禺县余荫山房、东莞市可园为代表。其共同特点是具有古典园林的传统风格与地理、气候自然特色和乡土文化气息。如可园是"连房广厦"式庭园的典型,其楼房群体有聚有散、有起有伏,回廊逶迤,轮廓多变,多透视角度创造庭园空间、环境,构成意境,堪称古代宅园中罕见的优秀作品。

（a）清晖园

（b）余荫山房

（c）可园

图 2-23　岭南三大古典名园

4．川西园林

川西园林指以成都平原为中心的四川西部园林,以其独特的自然地理、气候条件与优秀的文化传统,形成了文、秀、清、幽的风貌与飘逸风骨的特色。文,指园林与著名文人有关,蕴涵着浓郁的地方特质,如杜甫草堂、望江楼（为唐代女诗人薛涛而建）（图 2-24）。秀,指园林以清简为胜,小巧秀雅,石山少而水岸直。清,指以水面取胜,水面空间变化与虚实对比得当。幽,指植物繁茂,建筑平均密度小,显得幽深、静谧。飘逸,指受道教及文人雅士的影响,而渗透相当浓厚的顺应自然、返璞归真的气息与情趣。总之,川西园林具有相当强烈的自然山水园的古朴风格。

⊕ 图2-24　望江楼　四川省成都市

二、中国近现代公园

中国公共园林出现较晚,自清末才开始有几处所谓的公园,也仅局限于租借地,为外国人所有。北京虽在皇家园林中开辟出一部分为市民游览,也只是古园林而已。杭州西湖虽有广阔的山水,但也主要为禁园、私园。全国各地因受国外城市公共绿地的启发和影响,有兴建公园和改善城市绿地的意图,但在"民国"前期,由于军阀连年混战以及帝国主义列强的侵略,社会处于黑暗之中,经济遭到严重破坏,国家不仅无力振兴公共园林,而且明清旧有园林也难以保存下来。真正的现代园林和城市绿化是在新中国成立以后才开始快速地发展。清末至新中国建立之前半个多世纪,虽然不是我国园林的发展阶段,但却是一个关键性的转折时期。无论是外国输入或自建的,或者就其形式内容上看呈现着古今中外相混合的园林形式,但终究有了公园这类新型园林的出现,园林有了新的发展方向。此时也有官僚军阀或富商巨贾兴建私园别墅,然而这种私园别墅已到了尾声阶段,公共园林正逐渐成为主流。

(一)中国近代公园

1. 租借地中的公园

这些公园为外商或外国官府所建,主要对洋人开放,已在20世纪初陆续被收为国有。目前还保存的主要有如下几处:上海滩公园亦称外滩花园,在黄浦江畔,建于1868年;上海法国公园,建于1908年,又称顾家宅院,现为复兴公园;虹口公园,建于1900年,在上海北部江湾路,现为鲁迅纪念公园;天津英国公园,建于1887年,现为解放公园;天津法国公园,建于1917年,现为中山公园。

2. 中国政府或商团自建的公园

1906年,无锡地方乡绅筹资在惠山建起了第一个由中国人自己所建的公园,称"锡金公园"。随后由中国政府或商团在全国各地相继自建了很多公园,如1910年所建的成都少城公园,现为人民公园;1911年所建的南京玄武湖公园;1909年所建的南京江宁公园;1918年所建的广州中央公园,现为人民公园;1918年所建的广州黄花岗公园;1924年所建的四川万县西山公园;1926年所建的重庆中央公园,现为人民公园;还有南京的中山陵等中国人自己所建的公园。

3. 利用皇家苑园、庙宇或官署园林改造的公园

这一时期在公园和单位专用性园林的兴建上开始有所突破,在引入西洋园林风格上有所贡献,对古典苑园或宅园向市民开放开始迈出第一步,这些在园林发展史上是一次关键的转折。如先农坛,1912年开放,现为北京城南公园;社稷坛,1914年开放,现为中山公园;颐和园1924年开放;北海公园1925年开放;还有1927年开放的上海文庙公园等。此类园林绿地都是利用皇家苑园、庙宇或官署园林改造而成并向公众开放的。抗日战争前夕全国有数百处此类公园,尽管在形式和内容上极其繁杂,但都面向市民。

(二)现代公园、城市园林绿化

中华人民共和国成立后,党和政府非常重视城

市建设事业,在各市建立了园林绿化管理部门,担负起园林事业的建设工作,第一个五年计划期间,提出"普遍绿化,重点美化"方针,并将园林绿化纳入城市建设总体规划之中,在旧城改造和新工业城镇建设中,园林绿化工作初见成效,各种形式的公共绿地有了迅速发展。几乎所有大城市都建成了设施完善的综合性文化休息公园或植物园、动物园、儿童公园和体育公园等公共园林绿地。如北京的紫竹院公园(图2-25)、杭州的花港观鱼公园、上海的长风公园,都是新中国成立初期营建起来的综合性公园。

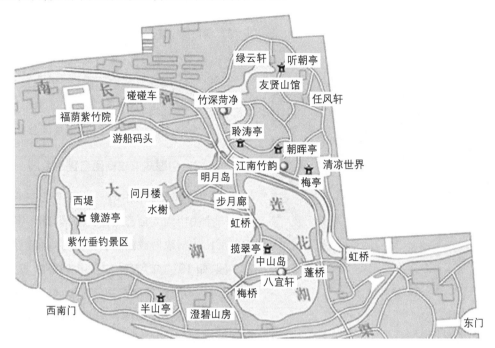

⬆ 图 2-25　北京紫竹院公园平面图

第二节　外国风景园林概况

一、日本的缩景园

日本庭园受中国唐代"山池院"的影响,逐渐形成了日本特有的"山水庭"。山水庭十分精致小巧,它模仿大自然风景,缩影于庭园之中,像一幅自然山水画,以石灯、洗手钵为陈设品,同时还注意色彩层次和植物配置。

日本传统园林有筑山庭、平庭、茶庭三大类。

1．筑山庭

筑山庭(图2-26)是人造山水园,集山峦、平野、溪流、瀑布等自然风光精华于一身。它以山为主景,以重叠的山头形成近山、中山、远山、主山、客山,焦点为流自山间的瀑布。山前一般是水池或湖面,池中有岛,池右为"主人岛",池左为"客人岛",中间以小桥相连。山以堆土为主,上面植盆景式乔木、灌木模拟山林,并布置山石象征石峰、石壁、山岩,形成自然景观的缩影。

筑山庭供眺望的部分称"眺望园",供观赏游乐的部分称"逍遥园"。池水部分称"水庭"。日本筑山庭另有"枯山水",又称"石庭"。其布置类似筑山庭,但没有真水,而是以卵石、沙子划成波浪,虚拟为水波,置石组模拟岛屿,表现出岛国的情趣。

⬆ 图 2-26　筑山庭

2．平庭

平庭（图 2-27）一般布置在平坦的园地上，设置一些聚散不等、大小不一的石块，布置石灯笼、植物、溪流，象征原野和谷地，岩石象征真山，树木代表森林。平庭也有用枯山水的做法，以沙做水面的。

⬆ 图 2-27　平庭

3．茶庭

茶庭（图 2-28）只是一小块庭地，与庭园其他部分隔开，布置在筑山庭式平原之中，四周用竹篱或木栅栏围合，由小庭门入内，主体建筑是茶道仪式的茶屋。茶庭是以主体建筑——茶道仪式的茶屋而衍生出的小庭园，一般是进茶屋的必经之园。进入茶庭时先洗手后进茶屋。茶庭内必设洗手水钵、石灯笼，一般极少用鲜艳的花木，庭地和石山通常只是配置青苔，似深山幽谷般的清凉世界，是以远离尘世的茶道气氛引人们沉思默想的庭园。

⬆ 图 2-28　茶庭

二、意大利台地园

意大利文艺复兴时期，造园艺术成就很高，在世界园林史上占有重要地位。当时的贵族倾心于田园生活，往往迁居到郊外或海滨的山坡上，依山建庄园别墅。其布局采用几何图案的中轴对称形式，下层种花草、灌木作花坛；中上层为主体建筑，植物栽培与修剪注意与自然景观的过渡关系，靠近建筑部分逐渐减弱规则式风格。由内向外看，即从整体修剪的绿篱到不修剪的树丛，然后是大片园外的天然树木。

台地园里的植物以常绿树木石楠、黄杨、珊瑚树为主，采取规划图案的绿篱造型，以绿色为基调，给人舒适、宁静的感觉。高大的树木既遮阴又常用作分隔园林空间的材料。很少用色彩鲜艳的花卉。

意大利台地园（图 2-29），在山坡上建园，视野开阔，有利于俯视观览与远眺借景，也有利于山上的

⬆ 图 2-29　意大利台地园

山泉引水造景。水景通常是园内的一个主景,理水方式有瀑布、水池、喷泉、壁泉等,既继承了古罗马的传统,又有新的内容。由于意大利位于阿尔卑斯山南麓,山陵起伏、草木繁盛,盛产大理石,因此,在风景优美的台地园中常设有精美的雕塑,形成了意大利台地园的特殊艺术风格。

三、法国古典主义园林

17—18世纪的法国古典主义园林,也称勒诺特尔式园林,是受意大利文艺复兴影响,并结合本国的自然条件而创造出的具有法国独特风格的园林艺术。法国地势平坦,雨量适中,气候温和,多落叶、阔叶树林,因此法国古典主义园林常以落叶密林为背景,广泛种植修剪整形的常绿植物。以黄杨、紫杉作图案树坛,丰富的花草作图案花坛,再利用平坦的大面积草坪和浓密的树林衬托华丽的花坛。行道树以法国梧桐为主,建筑物附近有修剪成形的绿篱,如黄杨、珊瑚树等。

法国古典主义园林(图2-30)规划精致开朗,层次分明,疏密对比强烈;水景以规划河道、水池、喷泉以及大型喷泉群为主,在水面周围布置建筑物、雕塑和植物,增加景观的动感、倒影和变化效果,以此扩大园林空间感。路易十四时期建造的凡尔赛宫是法国古典主义园林的杰出代表。

⬆ 图2-30　法国古典主义园林

四、英国自然式风景园

15世纪以前,英国园林风格比较朴实,以大自然草原风光为主。16—17世纪,受意大利文艺复兴的影响,一度流行规整式园林风格。18世纪由于浪漫主义思潮在欧洲兴起,出现了追求自然美,反对规整的人为布局。中国自然式山水园林被威廉·康伯介绍进来后,英国一度出现了崇尚中国式园林的时期。直至产业革命后,牧区荒芜,城郊提供了大面积造园的用地条件,才发展出英国自然式风景园。

英国自然式风景园(图2-31),有自然的水池、略有起伏的大片草地,道路、湖岸、树木边缘线采用自然圆滑的曲线,树木以孤植、丛植为主,植物采用自然式种植,种类繁多,色彩丰富,经常以花卉为主题,并且有小型建筑点缀其间。小路多不铺装,任人在草地上漫步运动,追求田园野趣。园林的界墙均作隐蔽处理,过渡手法自然,并且把园林建立在生物科学基础上,发展成主题类型园,如岩石园、高山植物园、水景园、沼泽园,或是以植物为主题的蔷薇园、鸢尾园、杜鹃园、百合园、芍药园等。

⬆ 图2-31　英国自然式风景园

五、美国国家公园

1832年在美国西部怀俄明州北部落基山脉中开辟的"黄石国家公园",是世界上第一个国家公园,这里面积有89万公顷,温泉广布,有数百个间歇泉,水温达85℃。美国现有的国家公园占地五六百万公顷。另外还有国家名胜、国家纪念建筑、国家古战场、军事公园、历史遗址、国家海岸、河道等二十多种形式的游览地达 321 处。大片的原始森林，肥美的广阔草原，珍贵的野生动植物，古老的化石与火山、热泉、瀑布，形成了美国国家公园系统。

美国现代公园注重自然风景，室内外空间环境相互联系，采用自然曲线形水池和混凝土道路。园林建筑常用钢木材料，用散置林木、山石、雕塑、喷水池等装饰园林。美国国家公园（图 2-32）内严禁狩猎、放牧、砍伐树木，大部分水源不得用于灌溉和建水电站，在公园内有便利的交通、宿营地和游客中心，为旅游和科学考察提供方便。

🔺 图 2-32　美国国家公园

第三节　中国现代园林发展

一、城市公共园林发展

中国民众的民主思想在"五四运动"中得以激活和提升，在随后的各大城市建设中，大众公园得到了充分的重视和发展，传统私家园林式的个人自我欣赏空间逐步让位于城市公众生活。例如 1921 年重庆在杨森始建中山公园（现人民公园）后，陆续建设了江北公园（1927 年）、北碚公园（1930 年）及一些社区性小游园，改善了城市居民的生活质量。新中国成立后，各地更是大力建设劳动人民休闲娱乐的城市公园，重庆在新中国成立初期就建设了动物园（1955 年）、枇杷山公园（1955 年）、沙坪公园

（1956 年）、鹅岭公园（1958 年）等城市组团中心公园和南区园、两江嘴园、梅堡园等一批小游园，掀起了城市公园园林建设的高潮。

二、当代园林城市建设

1992 年后，我国开展了以创建国家园林城市为目标的城市环境整治活动，取得了明显成效，带动了全国城市建设向生态优化的方向发展。以此为动力，各城市积极开展了创建园林城市的活动，从改善城市生态环境，提高人居质量出发，不仅提高了城市的整体素质和品位，改善了投资和生活环境，也激励了广大市民更加爱护、关心自己城市的环境质量和景观面貌，使城市的精神文明建设水平得以升华和提高，大大促进了当地社会、经济、文化的全面发展。

至 2017 年，我国已经批准了二十批园林城市及城镇，具体如下。

第一批（1992 年）：北京市 1 个直辖市；合肥市、珠海市 2 个地级市。

第二批（1994 年）：杭州市、深圳市 2 个地级市。

第三批（1996 年）：马鞍山市、威海市、中山市 3 个地级市。

第四批（1997 年）：大连市、南京市、厦门市、南宁市 4 个地级市。

第五批（1999 年）：秦皇岛市、三明市、青岛市、烟台市、濮阳市、十堰市、佛山市 7 个地级市；上海市浦东新区 1 个国家园林城区。

第六批（2001 年）：长春市、襄樊市（现襄阳市）、江门市、茂名市、肇庆市、惠州市、海口市、三亚市 8 个地级市；（苏州）常熟市、石河子市 2 个县级市；上海市闵行区 1 个国家园林城区。

第七批（2002 年）：葫芦岛市、济南市、洛阳市、漯河市、常德市 5 个地级市；（乐山）峨眉山市 1 个县级市；上海市金山区、重庆市北碚区 2 个国家园林城区。

第八批（2003 年）：上海市 1 个直辖市；唐

山市、吉林市、无锡市、苏州市、扬州市、宁波市、绍兴市、福州市、桂林市、绵阳市 10 个地级市；（苏州）张家港市、（苏州）昆山市、（杭州）富阳市（现杭州市富阳区）、（威海）荣成市、（江门）开平市、（成都）都江堰市 6 个县级市。

第九批（2005 年）：邯郸市、廊坊市、长治市、晋城市、包头市、伊春市、徐州市、镇江市、嘉兴市、安庆市、泉州市、漳州市、淄博市、日照市、郑州市、许昌市、南阳市、武汉市、宜昌市、岳阳市、湛江市、乐山市、遵义市、宝鸡市 24 个地级市；（无锡）宜兴市、（苏州）吴江市（现苏州市吴江区）、（青岛）胶南市（现属青岛市黄岛区）、（潍坊）寿光市、（泰安）新泰市、（昆明）安宁市、（巴音郭楞州）库尔勒市 7 个县级市。

第十批（2006 年）：湖州市、黄山市、淮北市、宜春市、景德镇市、焦作市、成都市、广安市 8 个地级市；（苏州）太仓市、（绍兴）诸暨市、（台州）临海市、（嘉兴）桐乡市、（潍坊）青州市、（洛阳）偃师市 6 个县级市。

第十一批（2007 年）：石家庄市、沈阳市、四平市、松原市、常州市、南通市、衢州市、淮南市、铜陵市、南昌市、新余市、莱芜市、新乡市、黄石市、株洲市、广州市、东莞市、潮州市、贵阳市、银川市、克拉玛依市 21 个地级市；（唐山）迁安市、（铁岭）调兵山市、（无锡）江阴市、（金华）义乌市、（三明）永安市、（青岛）胶州市、（威海）乳山市、（威海）文登市（现威海市文登区）、济源市、（平顶山）舞钢市、（郑州）登封市、（昌吉州）昌吉市、（伊犁州）奎屯市 13 个县级市；天津市塘沽区（现属天津市滨海新区）、重庆市南岸区、重庆市渝北区 3 个国家园林城区。

第十二批（2008 年）：淮安市、赣州市、长沙市、南充市、西宁市 5 个地级市；（延边州）敦化市、（绍兴）上虞市（现绍兴市上虞区）、（宜昌）宜都市 3 个县级市。

第十三批（2009 年）：重庆市 1 个直辖市；承德市、太原市、铁岭市、宿迁市、泰州市、台州市、池州市、萍乡市、吉安市、潍坊市、临沂市、泰安市、

三门峡市、安阳市、商丘市、平顶山市、鄂州市、湘潭市、韶关市、梅州市、汕头市、柳州市、遂宁市、昆明市、玉溪市、西安市 26 个地级市；（邯郸）武安市、（长治）潞城市、（临汾）侯马市、（铁岭）开原市、（常州）金坛市（现常州市金坛区）、（嘉兴）平湖市、（嘉兴）海宁市、（济南）章丘市、（泰安）肥城市、（郑州）巩义市、（西双版纳州）景洪市、（吴忠）青铜峡市、（哈密地区）哈密市（现哈密市伊州区）、（伊犁州）伊宁市 14 个县级市。

第十四批（2010 年）：信阳市 1 个地级市；（宁波）余姚市、（延边州）延吉市 2 个县级市。

第十五批（2011 年）：张家口市、阳泉市、本溪市、丹东市、连云港市、芜湖市、六安市、莆田市、龙岩市、九江市、上饶市、东营市、济宁市、聊城市、驻马店市、荆门市、荆州市、娄底市、北海市、百色市、丽江市、吴忠市 22 个地级市；（吕梁）孝义市、（南通）如皋市、（扬州）江都市（现扬州市江都区）、（衢州）江山市、（台州）温岭市、（烟台）龙口市、（烟台）海阳市、（商丘）永城市 8 个县级市。

第十六批（2012 年）：保定市、佳木斯市、七台河市、咸宁市 4 个地级市；（晋中）介休市、（牡丹江）海林市 2 个县级市。

第十七批（2013 年）：邢台市、大同市、朔州市、盐城市、金华市、丽水市、滁州市、鹰潭市、抚州市、德州市、滨州市、菏泽市、随州市、郴州市、阳江市、清远市、梧州市、自贡市、德阳市、眉山市、普洱市、拉萨市、金昌市、乌鲁木齐市 24 个地级市；（杭州）建德市、（泉州）晋江市、（烟台）莱州市、（潍坊）诸城市、（宜昌）当阳市、（恩施州）恩施市、仙桃市、（玉林）北流市、（红河州）开远市、（德宏州）芒市、（酒泉）敦煌市、（阿勒泰地区）阿勒泰市、五家渠市 13 个县级市。

第十八批（2014 年）：通辽市、鄂尔多斯市、宁德市、泸州市、咸阳市、中卫市 6 个地级市；（潍坊）高密市、（银川）灵武市 2 个县级市。

第十九批（2015 年）：沧州市、呼和浩特市、乌海市、乌兰察布市、鞍山市、大庆市、黑河市、温州

市、蚌埠市、宿州市、宣城市、枣庄市、开封市、孝感市、黄冈市、钦州市、玉林市、曲靖市、嘉峪关市、石嘴山市 20 个地级市；(呼伦贝尔) 扎兰屯市、(通化) 集安市、(延边州) 珲春市、(佳木斯) 同江市、(徐州) 新沂市、(盐城) 东台市、(盐城) 大丰市 (现盐城市大丰区)、(镇江) 扬中市、(泰州) 靖江市、(杭州) 临安市、(丽水) 龙泉市、(宣城) 宁国市、(枣庄) 滕州市、(安阳) 林州市、(南阳) 邓州市、(黄石) 大冶市、(孝感) 应城市、(荆州) 松滋市、(咸宁) 赤壁市、潜江市、天门市、(南充) 阆中市、(大理州) 大理市、(酒泉) 玉门市、(昌吉州) 阜康市、(博尔塔拉州) 博乐市 26 个县级市。

第二十批 (2017 年)：赤峰市、巴彦淖尔市、盘锦市、鹤壁市、衡阳市、河源市、云浮市、儋州市、攀枝花市、安顺市、延安市、汉中市、兰州市、固原市、吐鲁番市 15 个地级市；辛集市、(沧州) 黄骅市、(运城) 永济市、(徐州) 邳州市、(宁波) 慈溪市、(合肥) 巢湖市、(鹰潭) 贵溪市、(潍坊) 安丘市、(济宁) 曲阜市、(平顶山) 汝州市、(许昌) 禹州市、(十堰) 丹江口市、(宜昌) 枝江市、(襄阳) 宜城市、(孝感) 安陆市、(荆州) 石首市、(恩施州) 利川市、(郴州) 资兴市、阿拉尔市、图木舒克市 20 个县级市。

在园林城市的建设过程中，充分结合具有中国特色的社会政治经济制度，集中财力、物力建设各类与城市居民生活、城市形象改善相关的城市公共园林，体现了城市景观建设的人性化、生态化、经济性理念，超越了西方超现实只见物不见人的大地景观模式的现代景观发展思路，涌现出一大批成功的景观设计案例。

三、园林理论与学科建设发展

新中国成立初期我国的园林理论以研究中国传统园林为主，出现了一批如童寯、陈从周、彭一刚、周维权等为代表的传统园林研究专家，对江南私家园林、北方皇家园林进行深入研究和分析，出版了如《园论》(童寯)、《说园》(陈从周)、《中国古典园林分析》(彭一刚)、《中国古典园林史》(周维权)

等优秀的理论研究著作。同时也开始深入探讨中国传统园林与西方传统园林的异同，如陈志华先生的《外国造园艺术》，提升了我国人民对园林的认识与理解。与之相对应的园林学科建设也以推行传统园林的营造建设为蓝本的教育模式，主要集中于各类农林院校中的园林专业，培养了早期的风景园林建设者。

随着国内学者对国外园林更为深入的研究，特别是对西方现代园林和景观学科建设地研究和学习，建设了一批以空间、场所、行为心理等为教学重点的景观设计专业，当时的建筑院校如同济大学、重庆建筑工程学院、武汉城市建设学院、苏州城市建设学院等也相应开设了风景园林专业，风景园林学科建设蓬勃发展。学科理论也取得了相应的深入和发展，出现了以吴良镛、孟兆桢、王向荣、俞孔坚、刘滨谊等为代表的理论研究学者。其中吴良镛先生提出了《人居环境科学导论》，着重探讨人与环境的相互关系，强调把人类聚居作为一个整体，而不像城市规划学、地理学、社会学那样，从人类聚居的某一部分或某个侧面来分析论述人类聚居环境建设，其理论的目标就是从人类聚居环境发生、发展的客观规律出发，以更好地建设符合人类理想的聚居环境。吴良镛先生发表了《人居环境科学导论》后，也积极从实际的案例中探讨理论的深化和实践，如北京菊儿胡同的建设、天安门广场扩建规划设计、桂林中心区规划等项目，就是对《人居环境科学导论》的纲领性理论进行的实践层面的理论探讨。而俞孔坚、刘滨谊两位学者，通过大量的学术论文、专著深入影响了当前的设计理论建设，并建立了自己的理论结构体系。俞孔坚先生结合城市生态景观建设的实践和理论研究，提出了"反规划理论"，着眼于城市非建设用地的分析和规划建设。刘滨谊先生提出了包含景观环境形象、环境生态绿化、大众行为心理的"现代景观设计三元论"，并通过大量的论文、专著论述、深化景观设计三元论设计理念，建立了相对独立的理论结构体系。与之相对应的是以两位专家为代表的园林学科建设 [北京大学景观设计学研究院、同济大学风景科学与旅游系 (现改名为景观学系)]，在相应理论的影响指导下，建立了自己的办学特色。但总体上来说,我国的风景园林学科建设仍处于比较混乱的状态,缺乏统一的专业名称,教学内容差异较大,为后期的景观设计师执业制度带来了一定的难题。

现代园林景观设计理论的深入研究是我国园林景观事业快速发展的体现,但从研究的成果来看,往往仅从"某一部分或某个侧面"来分析论述园林景观设计建设,特别是忽略城市园林景观是城市整体中的部分要素这一实际。因而,我们应积极从城市规划的整体视角出发,将城市园林景观纳入城市规划这一主导体系,结合城市用地规划、城市生态和绿地系统规划、历史文化名城建设规划及人居环境建设目标等,完善城市景观的规划、建设、管理,促进生态园林城市建设目标的实现。

第四节　西方现代园林发展

一、西方现代园林的产生

西方的传统园林多是为上流阶层服务的,它是社会地位的象征。18世纪中叶,由于中产阶级的兴起,英国的部分皇家园林开始对公众开放。随即法国、德国等国家争相效仿,开始建造一些为城市自身以及城市居民服务的开放型园林。1843年,英国利物浦市的伯肯海德公园的对外免费开放,标志着城市公园的正式诞生。1858年美国的第一个城市公园——纽约中央公园诞生。纽约中央公园为城市居民带来了清新安全的一片绿洲,有效地改善了城市居住环境,受到社会高度的好评和认可。纽约中央公园的建成促使欧美掀起了城市公园建设的高潮,被称为"城市公园运动"。但公园都被密集的建筑群所包围,形成了一个个"孤岛",因此也就显得十分脆弱。到1880年,波士顿公园系统——"翡翠项链"形成,将数个公园连成一体,在波士顿中心地区形成了景观优美、环境宜人的公园体系,对城市绿地系统理论的发展产生了深远的影响。这种以城市中的河谷、台地、山脊为依托形成城市绿地的自然框

架体系的思想,也是当今城市绿地系统规划的一大原则。

城市公园的产生是对城市卫生及城市发展问题的反映,是提高城市生活质量的重要举措之一。城市公园是真正意义上的大众园林,它通常用地规模较大,环境条件复杂,要求在设计时综合考虑使用功能、大众行为、环境、技术手段等要素,有别于传统园林的设计理论与方法。可以说,19世纪欧美的城市公园运动拉开了西方现代园林发展的序幕。城市公园运动尽管使园林在内容上与以往的传统园林有所变化,但在形式上并没有创造出一种新的风格。真正使西方现代园林形成一种有别于传统园林风格的是20世纪初西方的工艺美术运动和新艺术运动而引发的现代主义浪潮,正是由于一大批富有进取心的艺术家们掀起的一个又一个的运动,才创造出具有时代精神的新的艺术形式,带动了园林风格的变化。

19世纪中期,在英国以拉斯金和莫里斯为首的一批社会活动家和艺术家发起的"工艺美术运动",是由于厌恶矫饰的风格、恐惧工业化的大生产而产生的,因此在设计上反对华而不实的维多利亚风格,提倡简单、朴实、具有良好功能的设计,在装饰上推崇自然主义和东方艺术。

在工艺美术运动的影响下,欧洲大陆又掀起了一次规模更大、影响更加广泛的艺术运动——新艺术运动。新艺术运动是19世纪末20世纪初在欧洲发生的一次大众化的艺术实践活动,它反对传统的模式,在设计中强调装饰效果,希望通过装饰的手段来创造出一种新的设计风格,主要表现在追求自然曲线形和直线几何形两种形式。新艺术运动中的园林以庭园为主,对后来的园林产生了广泛的影响,它是现代主义之前有益的探索和准备,同时预示着现代主义时代的到来(图2-33)。

现代主义受到现代艺术的影响甚深,现代艺术的开端是马蒂斯开创的野兽派(the wild beasts)。它追求更加主观和强烈的艺术表现,对西方现代艺术的发展产生了重要的影响。20世纪初,受到当时几种不同的现代艺术思想的启示,在设计界形成了

新的设计美学观,它提倡线条的简洁、几何形体的变化与明亮的色彩。现代主义对园林的贡献是巨大的,它使得现代园林真正走出了传统的天地,形成了自由的平面与空间布局、简洁明快的风格和丰富的设计手法。

⊕ 图 2-33　巴塞罗那居尔公园

二、西方现代园林的代表人物及其理论

西方现代园林设计从 20 世纪早期萌发到当代的成熟,逐渐形成了功能、空间组织及形式创新为一体的现代设计风格。

现代园林设计一方面追求良好的使用功能,另一方面注重设计手法的丰富性和平面布置与空间组织的合理性。特别是在形式创造方面,当代各种主义与思想、代表人物纷纷涌现,现代园林设计呈现出自由性与多元化特征。

(一)唐纳德

唐纳德（Christopher Tunnard,1910—1979 年）是英国著名的景观设计师,他于 1938 年完成的《现代景观中的园林》一书中探讨了在现代环境下设计园林的方法,从理论上填补了这一历史空白。在书中他提出了现代园林设计的三个方面,即功能的、移情的和艺术的。

唐纳德的功能主义思想是从建筑师卢斯和柯布西耶的著作中吸取精髓,认为功能是现代主义景观最基本的考虑。移情方面来源于唐纳德对日本园林的理解,他提倡尝试日本园林中石组布置的均衡构图的手段,以及从没有情感的事物中感受园林精神所在的设计手法。在艺术方面,他提倡在园林设计中,处理形态、平面、色彩、材料等方面运用现代艺术的手段。

1935 年,唐纳德为建筑师谢梅耶夫设计了名为"本特利树林"（Bentley wood）的住宅花园（图 2-34）,完美地体现了他提出的设计理论。

⊕ 图 2-34　本特利树林景观

(二)托马斯·丘奇

托马斯·丘奇（Thomas Churh,1902—1998 年）是 20 世纪美国现代景观设计的奠基人之一,是 20 世纪少数几个能从古典主义和新古典主义的设计完全转向现代园林的形式和空间的设计师之一。20 世纪 40 年代,在美国西海岸,私人花园盛行,这种户外生活的新方式,被称之为"加州花园",是一个艺术的、功能的和社会的构成,具有本土性、时代性和人性化的特征。它使美国花园的历史从对欧洲风格的复制和抄袭转变为对美国社会、文化和地理的多样性的开拓,这种风格的开创者就是托马斯·丘奇。"加州花园"的设计风格,平息了规则式和自然式的斗争,创造了与功能相适应的形式,使建筑和自然环境之间有了一种新的衔接方式。丘奇最著名的作品是 1948 年的唐纳花园（Donnel garden）（图 2-35）。

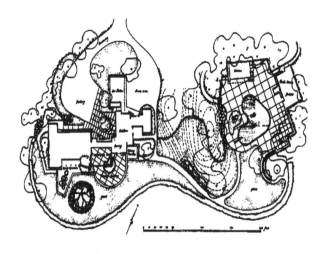

⚑ 图 2-35 唐纳花园平面图

（三）劳伦斯·哈普林

劳伦斯·哈普林（Lawrence Halprin，1916—2009）是新一代优秀的景观规划设计师，是第二次世界大战后美国景观规划设计重要的理论家之一，他视野广阔，视角独特，感觉敏锐，从音乐、舞蹈、建筑学及心理学、人类学等学科吸取了大量知识。这也是他具有创造性、前瞻性和与众不同的理论系统的原因。哈普林最重要的作品是 1960 年为亚特兰大市设计的一系列广场和绿地（图 2-36）。三个广场是由爱悦广场（Love joy plazz）、柏蒂格罗夫公园（Pettygrove park）、演讲堂前庭广场（IraC. Keller Fountain）组成，它由一系列改建成的人行林荫道来连接，在这个设计中充分体现了他对自然的独特的理解。他依据对自然的体验来进行设计，将人工化的自然要素插入环境，无论从实践还是理论上来说，劳伦斯·哈普林在 20 世纪美国的景观规划设计行业中，都占有重要的地位。

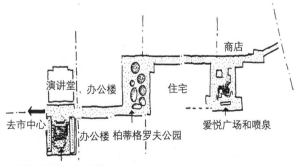

⚑ 图 2-36 亚特兰大市系列广场和绿地平面位置图

（四）布雷·马克斯

布雷·马克斯（Robert Blur Marx，1909—1994 年）是 20 世纪杰出的造园家之一。布雷·马克斯将景观视为艺术，将现代艺术在景观中的运用发挥得淋漓尽致。他的形式语言大多来自于米罗和阿普的超现实主义，同时也受到立体主义的影响，在巴西的建筑、规划、景观规划设计领域展开了一系列开拓性的探索。他创造了适合巴西气候特点和植物材料的风格。他的设计语言如曲线花床（图 2-37）、马赛克地面被广为传播，在全世界都有着重要的影响。

⚑ 图 2-37 现代艺术博物馆景观

三、西方现代园林设计的多样化发展

从 20 世纪 20—60 年代，西方现代园林设计经历了从产生、发展到壮大的过程，70 年代以后园林设计受各种社会的、文化的、艺术的和科学的思想影响，呈现出多样的发展。

（一）生态主义与现代园林

1969 年，美国宾夕法尼亚大学为园林教授伊安·麦克哈格（Ian McHarg，1920—2001 年）出版了《设计结合自然》一书，提出了综合性生态规划思想，在设计和规划行业中产生了巨大的反响。20 世纪70 年代以后，受生态和环境保护主义思想的影响，更多的园林设计师在设计中遵循生态的原则，生态主义成为当代园林设计中的一个普遍原则。

（二）大地艺术与现代园林

20世纪60年代，艺术界出现了新的思想，一部分富有探索精神的园林设计师不满足于现状，他们在园林设计中进行大胆的艺术尝试与创新，开拓了大地艺术（land art）这一新的艺术领域。这些艺术家摒弃传统观念，在旷野、荒漠中用自然材料直接作为艺术表现的手段，在形式上用简洁的几何形体，创作出一种新颖的艺术作品。大地艺术的思想对园林设计有着深远的影响，众多园林设计师借鉴大地艺术的手法，巧妙地利用各种材料与自然变化融合在一起，创造出丰富的景观空间，使得园林设计的思想和手段更加丰富。

（三）"后现代主义"与现代园林

进入20世纪80年代以后，人们对现代主义逐渐感到厌倦，于是后现代主义（postmodernism）这一思想应运而生。与现代主义相比，后现代主义是现代主义的继续与超越，后现代的设计应该是多元化的设计。历史主义、复古主义、折中主义、文脉主义、隐喻与象征、非联系有序系统层、讽刺、诙谐都成了园林设计师可以接受的思想。1992年建成的巴黎雪铁龙公园（Parc Andre-Citroen）（图2-38）就带有明显的后现代主义的一些特征。

（四）"解构主义"与现代园林

解构主义（deconstruction）最早是法国哲学家德里达提出的。在20世纪80年代，成为西方建筑界的热门话题。解构主义可以说是一种设计中的哲学思想，它采用歪曲、错位变形的手法，反对设计中的统一与和谐，反对形式、功能、结构、经济彼此之间的有机联系，产生一种特殊的不安感。解构主义的风格并没有形成主流，被列为解构主义的景观作品也极少，但它丰富了景观设计的表现力，巴黎为纪念法国大革命200周年建设的九大工程之一的拉·维莱特公园（Parc de la villette）（图2-39）就是解构主义景观设计的典型实例，它是由建筑师屈米（Bernard Tschumi，1944—　）设计的。

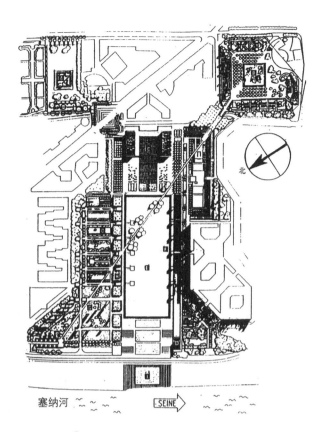

⬆ 图2-38 巴黎雪铁龙公园平面图

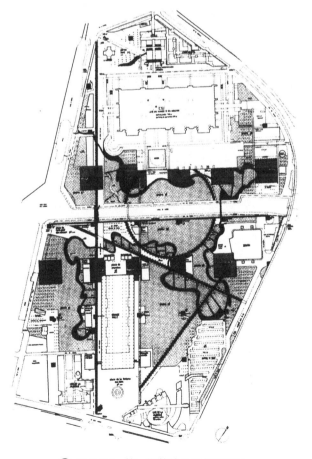

⬆ 图2-39 拉·维莱特公园模型照片

（五）"极简主义"与现代园林

极简主义（minimalsm）产生于 20 世纪 60 年代，它追求抽象、简化、几何秩序，以极为单一简洁的几何形体或数个单一形体的连续重复构成作品。极简主义对当代建筑和园林景观设计都产生了相当大的影响，不少设计师在园林设计中从形式上追求极度简化，用较少的形状、物体和材料控制大尺度的空间，或是运用单纯的几何形体构成景观要素和单元，形成简洁有序的现代景观。具有明显的极简主义特征的是美国景观设计师彼得·沃克（Peter Walker）的作品（图 2-40）。

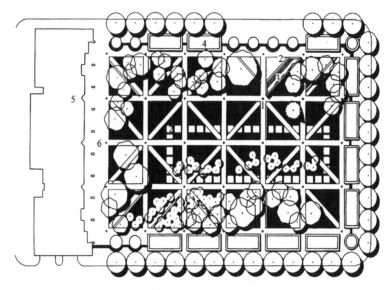

✚ 图 2-40　伯纳特公园（Burnett Park）平面图
1．石步道；2．水池；3．座椅；4．花池；
5．建筑；6．广场

西方现代园林从产生、发展到壮大的过程都与社会、艺术和建筑紧密相连。各种风格和流派层出不穷，但是发展的主流始终没有改变，现代园林设计仍在被不断丰富完善，与传统进行交融并达到和谐完美的效果是园林设计师追求的共同目标。

第三章
园林景观设计的要素

第一节　水体

一、不同水体景观

水体景观设计范围为水域空间整体,包括水陆交界的滨水空间和四周环水的水上空间。根据水域空间的地域特征可分为滨水区、驳岸、水面、堤、岛、桥等几个部分。水体按照平静、流动、喷涌、跌落等存在状态可分为湖泊、池塘、溪流、泉、瀑布等形式。

(一)湖泊

湖泊给人一种宁静、祥和、明朗、开阔的感觉,有时也能给人神秘的感觉。湖泊不仅面积大,水面平静,它在自然环境中给人们留下的阔达、舒展、一望无际的胸怀等更加让人陶醉。这些明显的审美特征是湖泊区别于其他水景的关键。在中国古典园林系统中,以湖而著名的园林或风景区不少,如济南的大明湖,扬州的瘦西湖,颐和园的昆明湖,避暑山庄的湖泊组群如意湖、澄湖、镜湖、银湖、上湖、下湖、长湖。它们或为人工湖,或为自然湖,为水泥构筑的城市景观带来了生机和美丽,为忙碌的市民提供了游览、休息的场所。

(二)河流

河流是陆地表面成线形的自然流动的水体。可分为天然河流和人工河流两大类,其本质是流动的水。河流自身的一些特性,如水的流速、水深、水体

pH 值、营养状况及河流底质都会影响其景观设置。

1. 自然河流

自然河流是降到地表的雨水、积雪和冰川的融水、涌出地面的地下水等通过重力作用,由高向低,在地表低处呈带状流淌的水流及其流经土地的总称。园林中的自然河流通常仅限于在大型森林公园或者风景区内,了解其形态特征和植被特色,有助于园林的布局。

自然河流由于土质情况和地貌状况不同,在长期不同外力的作用下,一般呈现蜿蜒弯曲状态。水流在河流的不同部位,会形成不同流速。水湾处往往流速较为缓慢,有利于鱼类及相关水生动植物的栖息和繁衍。流速快的自然河水不利于植物在土壤中的固定,因而大部分区段河流内栖息地都鲜有植物分布,一般只在水流比较缓慢的区段,如水湾、静水区、河流湿地中生长大量的水生植物。

2. 城市人工河流

城市人工河流是人类改造自然和构建良性城市水生态系统的重要措施。一般来说,城市人工河道主要是为了泄洪、排涝、供水、排水而开挖的,河流形态设计的基本指导思想是有利于快速泄洪和排水,有利于城市引水,因此,人工河流形态与自然河流相比,河道断面形式要简单得多,人工河流纵向一般为顺直或折弯河道形态,很少为弯曲河道形态。城市人工河流多结构简洁,水体基本静止,水中的溶解氧含量很低,不利于大多数水生植物的生长繁育和水

体的自净化。

3．园林中的溪涧

溪涧是园林中一类特殊的河流形式。《画论》中提到"峪中水曰溪,山夹水曰涧",由此可见,溪涧最能体现山林野趣。在自然界中这种景观非常丰富,但由于自然条件限制,在园林中多为人工溪流。园林中的溪流可以根据水量、流速、水深、水宽、建材以及沟渠等进行不同形式的设计。溪流的平面设计要求线形曲折流畅,回转自如,水流有急有缓,缓时宁静轻柔,急时轻快流畅。园林中,为尽量展示溪流、小河流的自然风格,常设置各种景石,硬质池底上常铺设卵石或少量种植土。

（三）池塘

湖泊是指陆地上聚积的大片水域,池塘是指比湖泊细小的水体。界定池塘和湖泊的方法颇有争议。一般而言,池塘是小得不需使用船只渡过的水体。池塘的另一个定义则是可以让人在不被水全淹的情况下安全横过,或者水浅得阳光能够直达塘底。池塘两字常连用,亦说圆称池,方称塘。通常池塘都没有地面的入水口,都是依靠天然的地下水源和雨水或以人工的方法引水进池。因此,池塘这个封闭的生态系统与湖泊有所不同。

1．自然式池塘

自然式池塘是模仿自然环境中湖泊的造景手法,水体强调水际线的自然变化,水面收放有致,有着一种天然野趣的意味,多为自然或半自然形体的静水池。人工修建或经人工改造的自然式水体,由泥土、石头或植物收边,适合自然式庭院或自然风格的景区。

2．规则式池塘

规则式池塘一般包括在几何上有对称轴线的规则池塘以及没有对称轴线,但形状规整的非对称式几何形池塘,中外皆有。西方传统园林的规则式池塘较为多见,而中国传统园林中规则式多见于北方皇家园林和岭南园林,具有整齐均衡之美。如故宫

御花园浮碧亭所跨的池塘、北海静心斋池塘都是长方形的;东莞可园、顺德清晖园,其池塘也呈曲尺形、长方形等几何状。规则式池塘的设置应与周围环境相协调,多用于规则式庭园、城市广场及建筑物的外环境装饰中。池塘多位于建筑物的前方,或庭园的中心、室内大厅,尤其对于以硬质景观为主的地方更为适宜,强调水面光影效果的营建和环境空间层次的拓展,并成为景观视觉轴线上的一种重要点缀物或关联体。

3．微型水池

微型水池是一种最古老而且投资最少的水池,适宜于屋顶花园或小庭园。微型水池在我国其实也早已应用,种植单独观赏的植物,如碗莲,也可兼赏水中鱼虫,常置于阳台、天井或室内阳面窗台。木桶、瓷缸都可作为微型水池的容器,甚至只要能盛30cm水深的容器都可作为一个微型水池。

（四）喷泉与瀑布

喷泉是一种自然景观,是承压水的地面露头。在众多的水体类型中,泉的个性是鲜明的,可以表现出多变的形态、特定的质感、不同的水温、悦耳的音响……综合地愉悦人们的视觉、听觉、触觉乃至味觉,如济南趵突泉。但在园林中常见的是人工建造的具有装饰功能的喷泉。从工程造价,水体的过滤、更换,设备的维修和安全角度看,常规喷泉需要大区域的水体,但却不须求深。浅池喷泉的缺点是要注意管线设备的隐蔽,同时也要注意水浅时,吸热大,易生藻类。喷泉波动的水面不适合种植水生植物,但在喷泉周围种植深色的常绿植物会成为喷泉最好的背景,喷泉的线性在草坪和高大绿色植物的映衬下分外明显,并形成更加清凉的空间气氛（图3-1）。

瀑布有两种主要形式:一是水体自由跌落;二是水体沿斜面急速滑落。这两种形式因瀑布溢水口高差、水量、水流斜坡面的种种不同而产生千姿百态的水姿。在规则式的跌水中,植物景观往往只是配角。而在自然式园林中,瀑布常以山体上的山石、树木组成浓郁的背景,同时以岩石及植物隐蔽出水

口。瀑布周围的植物景观通常高度不宜太高，而密度较大，要能有效地屏蔽视线，使人的注意力集中于瀑布景观之上。由于岩石与水体颜色都较为暗淡，所以瀑布周围往往种植彩叶植物以增加空间的色彩丰富度。

⊕ 图 3-1 美国宾夕法尼亚州 Kennett 广场的意大利花园

（五）沼泽与人工湿地

沼泽是平坦且排水不畅的洼地，地面长期处于过湿状态或者滞留着流动微弱的水的区域。20 世纪 60 年代兴起的环境运动使景观设计师在理论上提出景观设计中应保护和加强自然景观的概念，并进一步将这种思想付诸实践。

沼泽是一类能令人领略到原始、粗犷、荒寂和野趣的大自然本色的景观。大型沼泽园在组织游线时常在沼泽园中打下木桩，铺以木板路面，使游人可沿木板路深入沼泽园，去欣赏各种沼生植物（图 3-2）；

⊕ 图 3-2 沼泽园中的游线组织

或者无路导入园内，只能沿园周观赏。而小型的沼泽园则常和水景园结合，由中央慢慢向外变浅，最后由浅水到湿土，为各种水生、湿生植物生长创造了条件（图 3-3）。具有沼泽部分的水景园，可增添很多美丽的沼生植物，并能创造出花草熠熠、富有情趣的景观。

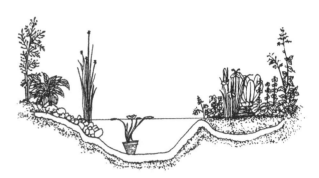

⊕ 图 3-3 附属于水景园的沼泽园断面

从生态学上说，湿地是由水、永久性或间歇性处于水饱和状态的基质以及水生植物和水生生物所组成的，是具有较高的生产力和较大活性、处于水陆交接处的复杂的生态系统。而人工湿地则是一种由人工建造和监督控制的，与沼泽地类似的地面，它利用自然生态系统中的物理、化学、生物的三重协同作用来实现对污水的净化。起初人工湿地主要局限于环境科学领域的研究和实践中，但近年来湿地和人工湿地逐渐被引入到景观规划设计中，如日本 Yatsu 自然湿地观察中心及香橙公园，以及中国台湾关山环保亲水公园，都涉及湿地景观这一表现主题，也都将对自然的尊重纳入公园创造中，使公园成了一个都市中的自然保护展示基地和生态环境教育基地，如成都的活水公园、北京中关村生命高科技园区的湿地景观等。

二、水景的装饰

在城市环境的水景中，单纯通过水自身的造型来形成景观效果的很有限，常见于倒影池、戏水池、喷泉池等。大部分水景都会与各种形式的雕塑、山石以及生物组合成景，以增加景观的多样性及层次性。

（一）水景雕塑

水景雕塑是景观雕塑的一种，它的选材要考虑与周围环境的关系。一是要注意相互协调；二是要注意对比效果；三是要因地制宜，创造性地选择材料以取得良好的艺术效果。

室外水景雕塑的材料一般分为五大类：第一类是天然石材，即花岗岩、砂石、大理石等天然石料；第二类是金属材料，以焙炼浇铸和金属板锻制成形；第三类是人造石材，即混凝土等制品；第四类是高分子材料，即树脂塑形材料；第五类是陶瓷材料，即高温焙烧制品。

随着现代技术水平及材料科学的进步，水景雕塑的形式及造景效果早已跃上了新的高度，其更加强调与环境的协调、整体的统一，但又彰显个性化的艺术特征，有着更为丰富的表现形式、想象空间、主题思想。

水景雕塑按形式可分为以下两类：①圆雕，指不附着在任何背景上、适于多角度欣赏的、完全立体的雕塑，包括头像、半身像、全身像、群像和动物等类型的造像，以及各类立体的抽象雕塑，是水景中常用的雕塑形式；②浮雕，指在平面上雕出形象浮凸的一种雕塑，依照表面凸出厚度的不同，分为高浮雕、浅浮雕（薄肉雕）、比例压缩浮雕等，一些运用压缩、归纳的浮雕，又可分为单层次浮雕及多层次浮雕等形式，在水景中一般会与壁喷或落水结合（图3-4）。

🔆 图3-4　我国香港皇后像广场水景

水景雕塑按摆设位置可分为以下两类：①水面雕塑，其设置在水体之中，一般位于水景中心（图3-5）；

②水旁雕塑，其布置在水体周围，如池岸、池沿等，与水体接触较少或者不接触水体（图3-6）。

🔆 图3-5　东京某喷水池的人物雕塑

🔆 图3-6　特莱维喷水池雕塑

水景雕塑按存在方式可分为以下两类：①静态水景雕塑，雕塑具有固定的基座，保持静止的状态，是水景雕塑中最为常见的一种形式；②动态水景雕塑，雕塑借助于外力或水的动能产生移动、翻滚、旋转等动态变化。图3-7为亚历山大·考尔德设计的"运动雕塑"，其利用水和风作为动力，使雕塑不停地翻转运动。

（二）水景山石

石在景观营造中虽然不像植物和水那样能改善环境气候，但它的造型和纹理都具一定的观赏作用，与水景搭配的假山、置石更是重要的景观组成部分。在中国传统园林中，素有"水得山而媚"的造园佳话。现代的景观设计通过水石相结合创造宁静、朴素、简洁的空间。现代水景设计中用石块点缀或组石来烘托水景的例子很多。例如，雕塑家野口勇设计的查斯·曼哈顿银行天井中的水石空间就十分典型。整个水景是在薄薄的一层水中散置几块黑色的石块，石块下面的水池隆起成一个个小圆丘，有风的水面形成波浪的曲线，石块好像是大海中的岛屿，喷泉喷出细细的水柱为水景增添了情趣，在这里，黑色的组石、平静的池水、喷涌的泉水等相结合，水石交融，创造出了静谧的空间，野口勇称其为"我的龙安寺"（图3-8）。

🟦 图3-7 亚历山大·考尔德设计的"运动雕塑"

🟦 图3-8 查斯·曼哈顿银行的下沉庭园

（三）水景生物

水生植物能给水景带来丰富的视觉色彩与情感特征，而且也是保持池塘自然生态平衡的关键因素。当然，在景观设计中，水生植物更会使水体的边缘显得柔和动人，弱化水体与周围环境原本生硬的分界线，使水体自然地融入整体环境之中。即使是非常正规、有着装饰性池沿的水池，适当点缀的水生植物也可以将其单调枯燥的感觉一扫而光。

1．水景植物

水景植物种类繁多，是园林、观赏植物的重要组成部分。这些水景植物在生态环境中相互竞争、相互依存，构成了多姿多彩的水景植物王国。

水生观赏植物按照生活方式与形态特征分为以下六大类。

（1）挺水型水景植物——挺水型水生花卉植株高大，花色艳丽，绝大多数有茎、叶之分；直立挺拔，下部或基部沉于水中，根或茎扎入泥中生长发育，上部植株挺出水面（图3-9）。

🟦 图3-9 水中仙子——荷花

（2）浮叶型水景植物——浮叶型水生花卉的根状茎发达，花大，色艳，无明显的地上茎或茎细弱不能直立，而它们的体内通常贮藏有大量的气体，使叶片或植株能平衡地漂浮于水面上，常见种类有王莲、睡莲、萍蓬草、芡实、荇菜等，种类较多（图3-10）。

（3）漂浮型水景植物——漂浮型水生植物的根不生于泥中，株体漂浮于水面之上，随水流、风浪四处漂泊，多数以观叶为主，为池水提供装饰和绿荫（图3-11）。

（4）沉水型水景植物——沉水型水生植物根茎生于泥中，整个植株沉入水体之中，叶多为狭长或丝状，在水下弱光的条件下也能正常生长发育。它们能够在白天制造氧气,有利于平衡水体的化学成分和促进鱼类的生长。

⊕ 图 3-12　水缘盛开着的黄菖蒲

（6）喜湿性植物——喜湿性植物生长在水池或小溪边沿湿润的土壤里,但是根部不能浸没在水中。喜湿性植物不是真正的水生植物,它们只是喜欢生长在有水的地方,其根部只有在长期保持湿润的情况下才能旺盛生长。常见的有樱草类、玉簪类和落新妇类等植物,另外还有柳树等木本植物（图 3-13）。

⊕ 图 3-10　我国香港公园水景中的浮叶与挺水植物

⊕ 图 3-13　水边点缀着的柳树

2. 水景动物

观赏鱼类是主要的水景动物,它们可以为水景增添别具一格的情趣和四季常鲜的色彩。它们在水中优雅的姿态还可与喷泉、瀑布、水生植物等交相辉映,使碧波荡漾的池塘更流光溢彩。观赏鱼类还有助于消灭水池中不受欢迎的昆虫。很多园林水景都通过在池塘里放养观赏鱼而增添无限的情趣和

⊕ 图 3-11　漂浮于水面的大藻

（5）水缘植物——水缘植物生长在水池边,从水深 23cm 处到水池边的泥里,都可以生长。水缘植物的品种非常多,主要起观赏作用（图 3-12）。

活力。

现在,各式各样的观赏鱼类品种繁多,数不胜数。金鱼具有适应面广、生命力强、繁殖率高等特点。优雅的圆腹雅罗鱼比较适合于大型池塘。锦鲤鱼具有独特的花纹和鲜艳斑斓的色彩,目前已成为池塘中最受欢迎的观赏品种(图3-14)。

↑ 图3-14 水中赏鱼

第二节 植 物

罗宾奈特在他的著作《植物、人和环境品质》中,对植物的功能作用的划分稍有不同。他将植物的功能分为四类,即建造功能、工程功能、改善小气候功能以及美学功能。建造功能包括限制空间、障景作用、控制室外空间的隐私性,以及形成空间序列和视线序列。工程功能包括遮阴、防止水土流失、减弱噪音、为车和行人导向。改善小气候功能包括调节风速、改变气温和湿度。美学功能包括作为景点、限制观赏线、完善其他设计要素、在景观中作为观赏点和景物的背景。也有人将植物的功能分为建造功能、环境功能、观赏功能三类。

表3-1所示的对比表有助于两种分类系统的比较。①建造功能相似于罗宾奈特的建造功能;②环境功能与工程功能和改造小气候功能相似;③观赏功能与美学功能相同。

表 3-1 植物功能的不同分类比较

四类功能 \ 三类功能	建造功能	环境功能	观赏功能
建造功能 ✱	✱		
工程功能 ✱		✱	
改造小气候功能 ✱		✱	
美学功能 ✱			✱

但无论使用何种分类系统或术语,首先必须了解的是:①植物素材能发挥什么样的功能;②如何将其运用在风景中,以便有效地充分发挥其功能作用。虽然植物的所有功能都很重要,但本章将着重讨论建造功能和美学功能(观赏功能),因为它们对景观的设计和建设有着突出的贡献。

一、植物的建造功能

植物的建造功能对室外环境的总体布局和室外空间的形成非常重要。在设计过程中，首先要研究的因素之一，便是植物的建造功能。它的建造功能在设计中确定以后，才考虑其观赏特性。如前面提到，植物在景观中的建造功能是指它能充当的构成因素，如建筑物的地面、天花板、围墙、门窗一样。从构成角度而言，植物是一个设计或一种室外环境的空间围合物。然而，"建造功能"一词并非是将植物的功能仅局限于机械的、人工的环境中。在自然环境中，植物同样能成功地发挥它的建造功能。

二、植物的观赏特性

在一个设计方案中，植物材料不仅从建筑学的角度上被运用于限制空间、建立空间序列、屏障视线以及提供空间的私密性，还有许多美学功能。植物的建造功能主要涉及设计的结构外貌，而美学功能则主要涉及其观赏特性，包括植物的大小、色彩、形态、质地以及与总体布局和周围环境的关系等，都能影响设计的美学特性。植物种植设计的观赏特征是非常重要的，这是因为任何一个赏景者的第一印象便是对其外貌的反应。种植设计形式也能成功地完成其他有价值的功能，比如建立空间、改变气温以及保持土壤。但是，如果该设计形式不美观，那它将极不受欢迎。为了使人们满意，一个种植设计，即使其形式不吸引人，至少应在满足其他功能方面有独到之处。

下面主要叙述观赏植物的各种不同特性，如植物的大小、形态、色彩、质地等。同时将讨论运用植物材料进行园林设计时，对其植物大小、形态、色彩、质地等特性的利用和设计原则。并将介绍在室外环境中每种观赏植物所具有的类型、质量和作用。

（一）植物的大小

植物最重要的观赏特性之一，就是它的大小。

因此，在为设计选择植物素材时，应首先对其大小进行推敲。因植物的大小直接影响着空间范围、结构关系以及设计的构思与布局。按大小标准可将植物分为大中型乔木、小乔木和装饰植物、高灌木、中灌木、矮小灌木及地被植物六类。

（二）植物的外形

单株或群体植物的外形，是指植物从整体形态与生长习性来考虑大致的外部轮廓。虽然它的观赏特征不如其大小特征明显，但是它在植物的构图和布局上，影响着统一性和多样性。在作为背景物，以及在设计中植物与其他不变设计因素相配合中，也是一个关键性因素。植物外形基本类型为：纺锤形、圆柱形、水平展开形、圆球形、尖塔形、垂枝形和特殊形。

（三）植物的色彩

紧接植物的大小、形态之后，最引人注目的观赏特征，便是植物的色彩。植物的色彩可以被看作情感象征，这是因为色彩直接影响着一个室外空间的气氛和情感。鲜艳的色彩给人以轻快、欢乐的气氛，而深暗的色彩则给人异常郁闷的气氛。由于色彩易于被人看见，因而它也是构图的重要因素，在景观中，植物色彩的变化，有时在相当远的地方都能被人注意到。

植物的色彩通过植物的各个部分而呈现出来，如通过树叶、花朵、果实、大小枝条以及树皮等。毫无疑问，树叶的主要色彩呈绿色，其间也伴随着深浅的变化，以及黄、蓝和古铜色的色素。除此之外，植物也包含了所有的色彩，存在于春秋时令的树叶、花朵、枝条和树干之中。

植物配植中的色彩组合，应与其他观赏特性相协调。植物的色彩应在设计中起到突出植物的尺度和形态的作用。如一株植物以大小或形态作为设计中的主景时，同时也应具备夺目的色彩，以进一步引人注目。鉴于这一特点，在设计时一般应多考虑夏季和冬季的色彩，因为它们占据着一年中的大部分时间。花朵的色彩和秋色虽然丰富多彩，令人难忘，但其寿命不长,仅持续几个星期。因此,对植物的取舍和布局,只依据花色或秋色来布置植物,是极不明智的,因为这些特征会很快消失。

(四)树叶的类型

树叶类型包括树叶的形状和持续性,并与植物的色彩在某种程度上有关系。在温带地区,基本的树叶类型有三种:落叶型、针叶常绿型、阔叶常绿型。每一种类型各有其特性,在室外空间的设计上也各有其相关的功能。

(五)植物的质地

所谓植物的质地,是指单株植物或群体植物直观的粗糙感和光滑感。它受植物叶片的大小、枝条的长短、树皮的外形、植物的综合生长习性,以及观赏植物的距离等因素的影响。在近距离内,单个叶片的大小、形状、外表以及小枝条的排列都是影响观赏质感的重要因素;当从远距离观赏植物的外貌时,决定质地的主要因素则是枝干的密度和植物的一般生长习性。质地除随距离而变化外,落叶植物的质地也要随季节而变化。在整个冬季,落叶植物由于没有叶片,因而质感与夏季时不同,一般来说更为疏松。例如,皂荚属植物在某些景观中,其质地会随季节发生惊人的变化。在夏季,该植物的叶片使其具有精细通透的质感;而在冬季,无叶的枝条使其具有疏松粗糙的质地。

在植物配植中,植物的质地会影响许多其他因素,其中包括布局的协调性和多样性、视距感,以及一个设计的色调、观赏情趣和气氛。根据植物的质地在景观中的特性及潜在用途,我们通常将植物的质地分为三种:粗壮型、中粗型及细小型。

三、植物的美学功能

从美学的角度来看,植物可以在外部空间内,将一幢房屋形状与其周围环境联结在一起,统一和协调环境中其他不和谐因素,突出景观中的景点和分区,减弱构筑物粗糙、呆板的外观,以及限制视线。这里应该指出,我们不能将植物的美学作用,仅局限在将其作为美化和装饰材料的意义上。下面我们将详细叙述植物的重要的美学作用。

(一)完善作用

植物通过重现房屋的形状和块面的方式,或通过将房屋轮廓线延伸至其相邻的周围环境中的方式,而完善某项设计和为设计提供统一性。例如,一个房顶的角度和高度均可以用树木来重现,这些树木具有房顶的同等高度,或将房顶的坡度延伸融汇在环境中 (图3-15)。反过来,室内空间也可以直接延伸到室外环境中,方法就是利用种植在房屋侧旁、具有与天花板同等高度的树冠(图3-16)。所有这些表现方式,都能使建筑物和周围环境相协调,从视觉上和功能上看上去是一个统一体。

⬆ 图 3-15　植物与建筑互补,植物延长建筑轮廓线

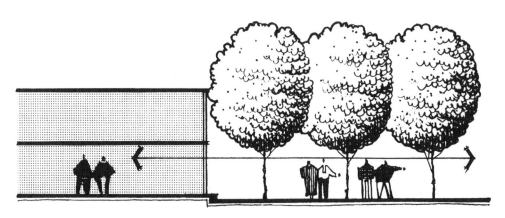

⊕ 图 3-16 树冠的下层延续了房屋的天花板,使室内外空间融为一体

(二) 统一作用

植物的统一作用,就是充当一条普通的导线,将环境中所有不同的成分从视觉上连接在一起。在户外环境的任何一个特定部位,植物都可以充当一种恒定因素,其他因素变化而自身始终不变。正是由于它在此区域的永恒不变性,便将其他杂乱的景色统一起来。这一功能运用的典范,体现在城市中沿街的行道树,在那里,每一间房屋或商店门面都各自不同 (图 3-17),如果沿街没有行道树,街景就会分割成零乱的建筑物。而另一方面,沿街的行道树,又可充当与各建筑有关联的联系成分,从而将所有建筑物从视觉上连接成一个统一的整体。

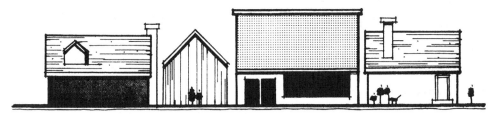

无树木的街景杂乱无章,协调性差

有树木的街景,由于树木的共同性将街景统一

⊕ 图 3-17 植物的统一作用

(三) 强调作用

植物的另一美学作用,就是在一户外环境中突出或强调某些特殊的景物。本章开篇曾提到,植物的这一功能是借助它截然不同的大小、形态、色彩或与邻近环绕物不相同的质地来完成的。植物的这些相应的特性格外引人注目,它能将观赏者的注意力集中到它所在的位置。因此,鉴于植物的这一美学功能,它极其适用于公共场所出入口、交叉点、房屋入口附近,或与其他显著可见的场所相互联合起来 (图 3-18)。

(四) 识别作用

植物的另一个美学作用是识别作用,这与强调作用极其相似。植物的这一作用,就是指出或"认识"一个空间或环境中某景物的重要性和位置（图 3-19），植物能使空间更显而易见，更易被认识和辨明。植物特殊的大小、形状、色彩、质地或排列都能发挥识别作用，这就如种植在一件雕塑作品之后的高大树木。

⊕ 图 3-18　植物的强调作用

⊕ 图 3-19　植物的识别作用

（五）软化作用

植物可以用在户外空间中软化或减弱形态粗糙及僵硬的构筑物。无论何种形态、质地的植物，都比那些呆板、生硬的建筑物和无植被的城市环境更显得柔和。被植物所柔化的空间，比没有植物的空间更诱人，更富有人情味。

（六）框景作用

植物对可见或不可见景物，以及对展现景观的空间序列都具有直接的影响，这一点我们曾在讨论植物的构造作用部分时提到过。植物以其大量的叶片、枝干封闭了景物两旁，为景物本身提供开阔的、无阻拦的视野，从而达到将观赏者的注意力集中到景物上的目的。在这种方式中，植物如同众多的遮挡物，围绕在景物周围，形成一个景框，将照片和风景油画装入画框的传统方式，就如同那种将树干置于景物的一旁，而较低枝叶则高伸于景物之上端的方式（图 3-20）。

⊕ 图 3-20　植物的框景作用

第三节　地　形

一、地形的类型

地形可通过各种途径来加以归类和评估。这些途径包括它的规模、特征、坡度、地质构造以及形态。而在上述各地形的分类途径中,对于风景园林设计师来说,形态乃是涉及土地的视觉和功能特性重要的因素之一。从形态的角度来看,景观就是实体和虚体的一种连续的组合体。所谓实体即是指那些空间制约因素(也即地形本身),而虚体则指的是各实体间所形成的空旷地域。在外部环境中,实体和虚体在很大程度上是由下述各不同地形类型所构成的:平地、凸地、山脊、凹地以及山谷。为了便于讨论我们暂且将其分割开来,而实际上这些地形类型总是彼此相连,相互融合,互助补足。

(一)平坦地形

平坦地形的定义,就是指任何土地的基面应在视觉上与水平面相平行。尽管理论上如此,而实际上在外部环境中,并没有这种完全水平的地形统一体。这是因为所有地面上都有不同程度的,甚至是难以觉察的坡度。因此,这里所使用的"平坦地形"术语,指的是那些总的来看是"水平"的地面,即使它们有微小的坡度或轻微起伏,也都包括在内。此外还应指出的是,有些人对"水平"和"平坦"两词义的区分。大多数外行人以及词典都将它们作为同义词来看待。例如《韦伯大学词典》给"平坦"一词下的定义是,具有很少或没有凸凹状态的土地水平面。然而从最明显、清楚的意义来看,"水平"即水平面,而"平坦"则是均匀或稳定的平面。

表面水平的地形,从规模上而言具有大大小小各种类型,有在基址中孤立的小块面积,也有像伊利诺伊州、爱荷华州、堪萨斯州以及佛罗里达州内的大草原和平原。除其规模之外,水平地形与其他地形相比,还具有某些独特美妙的视觉和功能特点,例如,水平地形是所有地形中最简明、最稳定的地形。由于它没有明显的高度变化,因而水平地形总处于非移动性,并与地球引力相平衡的静态(图3-21)。这种地形还具有与地球的地质效应相均衡的特性。正因为如此,当一个人站立于或穿行于平坦地形时,总有一种舒适和踏实的感觉。水平地面成为人们站立、聚会或坐卧休息的一个理想的场所,这是因为人们在水平地面上,无须花费精力来抵抗身体所受到的地心吸引力。当站立或坐卧于一个相对水平的地面上时,人们不用担心自己会倒向某一边,或产生一种"下滑"的感觉。基于同种原因,水平地域也成为建造楼房的理想场所。事实上,我们也总是人为地来创造水平地域,在斜坡地形上修筑平台,以便为楼房的耸立提供稳定性。

稳定
中性
平静
愉快
重心平衡

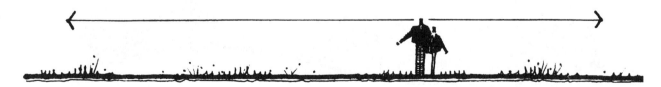

🔸 图 3-21　水平地形的性质

（二）凸地形

第二种基本地形类型是凸地形。其最好的表示方式，即以环形同心的等高线布置围绕所在地面的制高点。凸地形的表现形式有土丘、丘陵、山峦以及小山峰。凸地形是一种正向实体，同时是一负向的空间，被填充的空间。与平坦地形相比较，凸地形是一种具有动态感和进行感的地形，它是现存地形中，最具抗拒重力而代表权力和力量的因素（图3-22）。纵观历史，山头都具有军事上和心理上的意义。一支占据了山头的军队同时也就控制了周围地区（从而也就形成了"山王"的概念）。从情感上来说，向山上走与下山相比较，前者似乎能产生对某物或某人更强的尊崇感。因此，那些教堂、政府大厦以及其他重要的建筑物，常常耸立在凸地形的顶部，以充分享受这种受"朝拜"的荣耀。它们的权威性也由于其坐落于高处而得到升华。美国的国会大厦、白宫以及华盛顿纪念碑等，就坐落在它们与林荫道相连的地面高点上。凸地形本身是一个负空间，但它却建立了空间范围的边界。凸地形的坡面和顶部限制了空间，控制视线出入（图3-23）。一般来说，凸地形较高的顶部和陡峭的坡面，强烈限制着空间。

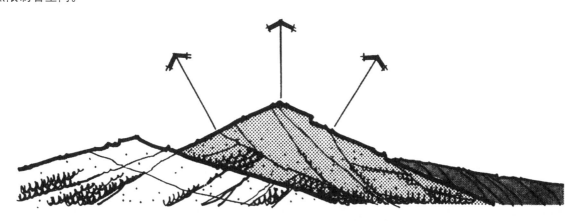

⊕ 图 3-22　凸地形能作为景观的焦点

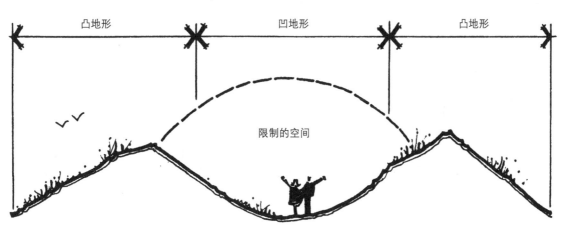

⊕ 图 3-23　两个凸地形创造了一个凹地形

（三）山脊

与凸地形相类似的另一种地形叫脊地。脊地总体上呈线状，与凸面地形相比较，其形状更紧凑、更集中。可以这样说，脊地就是凸地形的"深化"的变体。与凸地形相类似，脊地可限定户外空间边缘，调节其坡上和周围环境中的小气候。脊地也能提供一个具有外倾于周围景观的制高点。沿脊线有许多视野供给点，而所有脊地终点景观的视野效果最佳（图3-24）。这些视野使这些地点成为理想的建筑点。

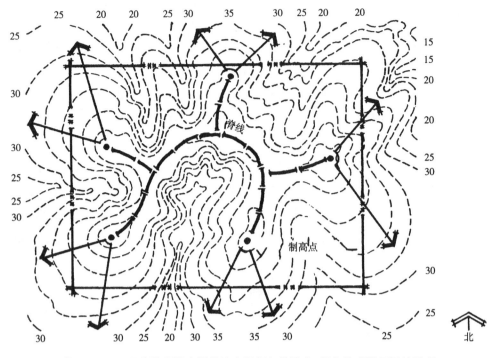

图 3-24　山脊的脊线和脊线终点是很好的视点，能向外观赏周围的景观

（四）凹地形

凹地形在景观中可被称之为碗状洼地。它并非是一片实地，而是不折不扣的空间。当其与凸地形相连接时，它可完善地形布局。在平面图上，凹地形可通过等高线的分布而表示出来，这些等高线在整个分布中紧凑严密，最低数值等高线与中心相近。凹地形的形成一般有两种方式，一是当地面某一区域的泥土被挖掘时（图3-25），二是当两片凸地形并排在一起时。凹地形乃是景观中的基础空间，我们的大多数活动都在其间占有一席之地。它们是户外空间的基础结构。在凹地形中，空间制约的程度取决于周围坡度的陡峭和高度，以及空间的宽度。

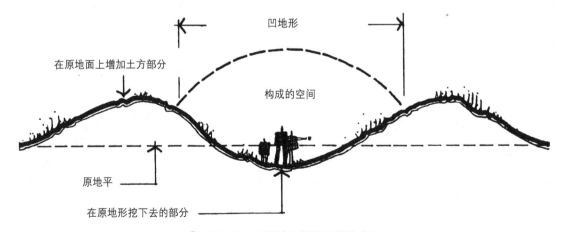

图 3-25　在平地上创造凹地的方法

凹地形是一个具有内向性和不受外界干扰的空间。它可将处于该空间中任何人的注意力集中在其中心或底层，如图3-26所示。凹地形通常给人一种分割感、封闭感和私密感。在某种程度上也可起到不受外界侵犯的作用。不过，这种所谓的安全感乃是一种虚假现象，这是因为凹地形极易遭到环绕其周围的较高地面的袭击。当某人处于凹面地形中时，他与其他相邻空间和设施仅有微弱的联系，他也不可能将他的视线超越过凸地形的外层边缘，而到达景观中的其他区域。再者，任何人从体力上来说也难以跳出凹地形。鉴于凹面地形边缘的坡度，凹地

形无论怎样都可将人留于其空间中。

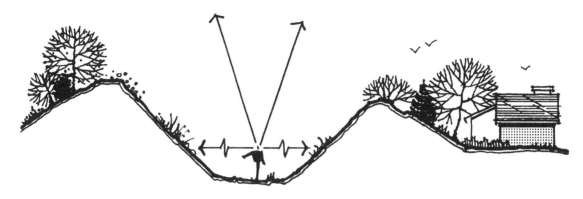

⊕ 图 3-26 地形的边封闭了视线,造成孤立感和私密感

由于凹地形具有封闭性和内倾性,它从而成为理想的表演舞台,人们可从该空间的四周斜坡上观看到地面上的表演。演员与观众的位置关系正好说明了凹地形的"鱼缸"特性(图 3-27)。正因如此,那些露天剧场或其他涉及观众观看的类似结构,一般都修建在有斜坡的地面上,或自然形成的凹地形之中。纽约市洛克菲勒娱乐中心便是城市凹地形运用的典范。在这里,滑冰者在下面的冰道上进行各式表演,以吸引行人和游览者停留观看。

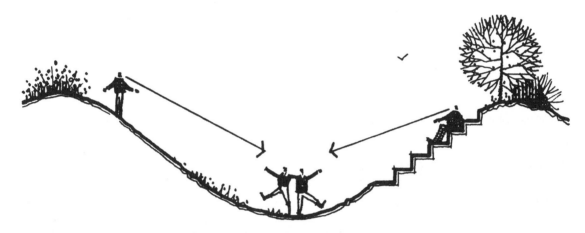

⊕ 图 3-27 在凹地形中视线向内和向下

凹地形除上述特点之外,还有其他一些特点。它可躲避掠过空间上部的狂风。另外,凹地形又好似一个太阳取暖器,由于阳光直接照射到其斜坡而使地形内的温度升高,使得凹地形与同一地区内的其他地形相比更暖和,风沙更少。不过,尽管凹地形具有宜人的小气候,但它还是有一个缺点,那就是比较潮湿,而且较低的底层周围尤为如此。凹地形内的降雨如不采取措施加以疏导,都会流入并淤积在低洼处。事实上,凹地形自身就是一个排水区。这样,凹地形又增加了一个潜在的功能,那就是充作一个永久性的湖泊、水池,或者充作一个暴雨之后暂时用来蓄水的蓄水池。

(五)谷地

最后我们将讨论的地形类型叫谷地。谷地综合了某些凹地形和前面所描述的脊地地形的特点。与凹地形相似,谷地在景观中也是一个低地,具有实空间的功能,可进行多种活动。但它也与脊地相似,也呈线状,也具有方向性。前面段落描述过,谷地在平面图上的表现为等高线的高程是向上升的。

由于谷地的方向特性,因而它也极适宜于景观中的任何运动。许多自然运动形式,由于运动的固有特点而通常发生在沿谷底处,或谷地的溪流、河流之上。如今,许多普通马路,甚至于那些州际的高速公路,也常常穿行于谷地。谷地中的活动与脊地上的活动之差别,就在于谷地典型地属于敏感的生态和水文地域,它常伴有小溪、河流以及相应的泛滥区。同样,谷地底层的土地肥沃。因而它也是一个产量极高的农作物区。鉴于以上种种原因,凡需在谷地中修建道路和进行开发时,必须倍加小心,以便避开那些潮湿区域,并不使敏感的生态遭到破坏。假如就在谷地内和脊地上修建道路和进行开发上给予同等选择,那么在大多数情况下,明智的做法就是在脊地上进行道路修建和其他开发,而保留谷地作为农业、娱乐或资源保护等之用。如果一定要在谷底中修建道路和进行开发,最好将这些工程分布在谷底边缘高于洪泛区域的地方,或如图 3-28 所示,将其分布在谷地斜边之上。在这些地带,建筑结合其他设计要素一股应呈线状,以便协调地面的坡度以及体现谷地的方向特性。

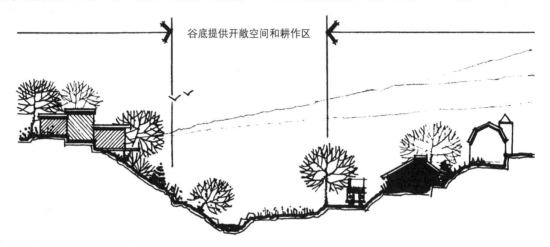

谷底提供开敞空间和耕作区

⬆ 图 3-28　谷底可以作为开敞空间,而谷边可以作为开发地

二、地形的功能

地形在园林设计中的主要功能有如下几种。

1．分隔空间

可以通过地形的高差变化来对空间进行分隔。例如,在一平地上进行设计时,为了增加空间的变化,设计师往往通过地形的高低处理,将一大空间分隔成若干个小空间。

2．改善小气候

从风的角度而言,可以通过地形的处理来阻挡或引导风向。凸面地形、脊地或土丘等,可用来阻挡冬季强大的寒风。在我国,冬季大部分地区为北风或西北风,为了能防风,通常把西北面或北部处理成堆山（图 3-29）,而为了引导夏季凉爽的东南风,可通过地形的处理在东南面形成谷状风道,或者在南部营造湖池,这样夏季就可以利用水体降温（图 3-30）。

从日照、稳定的角度来看,地形产生地表形态的丰富变化,形成了不同方位的坡地。不同角度的坡地其接受太阳辐射、日照长短都不同,其温度差异也很大。例如,对于北半球来说,南坡所受的日照要比北坡充分,其平均温度也较高;而在南半球,则情况正好相反。

3．组织排水

园林场地的排水最好是依靠地表排水,因此如果通过巧妙的坡度变化来组织排水,将会以较少的人力、财力达到最好的效果。较好的地形设计是,即使在暴雨季节,大量的雨水也不会在场地内产生淤积。从排水的角度来考虑,地形的最小坡度不应该小于 5‰。

⊕ 图 3-29 北面堆山

⊕ 图 3-30 南面挖池

4. 引导视线

人们的视线总是沿着最小阻力的方向通往开敞空间。可以通过地形的处理对人的视野进行限定,从而使视线停留在某一特定焦点上。如图 3-31 所示,长沙烈士公园为了突出纪念碑运用的就是这种手法。

⊕ 图 3-31 引导视线

5. 增加绿化面积

显然对于同一块基地来说,起伏的地形所形成的表面积比平地的会更大。因此在现代城市用地非常紧张的环境下,在进行城市园林景观建设时,加大地形的处理量会十分有效地增加绿地面积。并且由于地形所产生的不同坡度特征的场地,为不同习性的植物提供了生存空间,丰富了人工群落生物的多样性,从而可以加强人工群落的稳定性。

6. 美学功能

在园林设计创作中,有些设计师通过对地形进行艺术处理,使地形自身成为一个景观。再如,一些山丘常常被用来作为空间构图的背景。如图 3-32 所示,颐和园内的佛香阁、排云殿等建筑群就是依托万寿山而建。它是借助自然山体的大型尺度和向上收分的外轮廓线给人一种雄伟、高大、坚实、向上和永恒的感觉。

⊕ 图 3-32 山体成为建筑的背景

7. 游憩功能

例如,平坦的地形适合开展大型的户外活动;缓坡大草坪可供游人休憩,享受阳光的沐浴;幽深的峡谷可为游人提供世外桃源的享受;高地又是观景的好场所。

另外,地形可以起到控制游览速度与游览路线的作用,它通过地形的变化,影响行人和车辆运行的方向、速度和节奏。

第四节　园林建筑与小品

从我国园林来看,不论古典园林还是近代园林,园林建筑都是园林中的重要组成部分。一般常见的园林建筑有亭、廊、水榭、舫、塔、楼、茶室等。它们在园林布局、组景、赏景、生活服务等方面发挥着重要的功能。

园林小品也是园林中的重要组成部分,它们虽然不像园林建筑那样有着举足轻重的地位,但是也起到重要的点缀作用,如景门、景墙、景窗、园桌、园椅、园凳、园灯、栏杆、标忠牌、果皮箱以及雕塑等。它们凭借其巧妙的构思、精致的造型起到烘托气氛、加深意境、丰富景观等作用。

一、园林建筑

下面简略介绍亭、廊、榭、舫、花架五种园林建筑。

（一）亭

亭:"亭者,停也。人所停集也。"——亭是供人们停留聚集的地方。"随意合宜则制",意为可以按照设计意图并适应地形来建造。其适应范围极广,是园林里应用最多的建筑形式。

1. 亭的功能

亭一方面可点缀园林景色、构成园景,另一方面是游人休息、遮阳避雨、观景的场所。

2. 亭的造型

亭的造型多样,从屋顶的形式来看有单檐、重檐、三重檐、攒尖顶、硬山顶、歇山顶、卷棚顶等;从亭子的平面形状来看有圆亭、方亭、三角亭、五角亭、六角亭、扇亭等。

在中国的古典园林中,北方皇家园林的亭子多浑厚敦实（图3-33）。而江南私家园林中的亭子多轻盈小巧（图3-34）。

亭既可单独设置,亦可组合成群（图3-35）。

⬆ 图3-33　颐和园廊如亭

⬆ 图3-34　苏州拙政园荷风四面亭

⬆ 图3-35　肇庆七星岩五龙亭

3. 亭的位置选择

要从功能出发,明确造亭的目的,再根据具体的基地环境,因地制宜地布置。

总之，既要做到亭的位置与环境协调统一，又要做到建亭之处有景可赏，而且，从其他地方来看，亭又是一个主要的景点。

（1）平地建亭。要结合其他园林要素来布置，如石头、植物、树丛等（图3-36）。位置可在路边、道路的交叉口上，林荫之间。

⬆ 图3-36　平地建亭

（2）山上建亭。对于不同高度的山，亭的位置选择有所不同。

如果在小山（5～7m高）上建亭，亭宜建在山顶（图3-37），可以丰富山体的轮廓，增加山体的高度；有一点需注意，亭不宜建在小山的中心线上，应有所偏离，这样在构图上才能显得不呆板。

⬆ 图3-37　小山建亭

如果在大山上建亭，可建在山腰（图3-38所示为长沙岳麓山爱晚亭）、山脊、山顶。建在山腰主要是供游人休息和起引导游览的作用，建在山脊、山顶则视线开阔，以便游人四处览景。

⬆ 图3-38　长沙岳麓山爱晚亭

（3）临水建亭。水边设亭有多种形式，或一边临水，或多边临水，或阴而临水。一方面是为了观赏水面的景色，另一方面也可丰富水景效果。如果在小水面设亭，一般应尽量贴近水面（图3-39），如果在大水面建亭，宜建在高台，这样视野会更广阔。

⬆ 图3-39　临水建亭

（二）廊

《园冶》对廊有过精辟的概述："廊者，庑（常前所接卷棚）出一步也，直曲且长则胜。"——廊是从庑前走一步的建筑物。要建得弯曲而且长。"或蟠山腰，或穷水际，通花渡壑，蜿蜒无尽。"——意为或绕山腰，或沿水边，通过花丛，渡过溪壑。随意曲折，仿佛没有尽头。

1．廊的功能

廊一方面可以划分园林空间，另一方面又成为空间联系的一个重要手段。它通常布置在两个建筑物或两个观赏点之间,具有遮风避雨、联系交通的实用功能。

如果把整个园林作为一个"面"来看,那么,亭、榭、轩、舫等建筑物在园林中可视作"点",而廊这类建筑则可视作"线"。通过这些"线"的联络,把各分散的"点"联系成一个有机的整体。

此外,廊还有展览的功能,可在廊的墙面上展出一些书画、篆刻等艺术品。

2．廊的造型

廊依位置分可分为平地廊(图3-40)、爬山廊(图3-41)、水上廊(图3-42);依结构形式分可分为空廊(两面为柱子)、半廊(一面柱子一面墙)、复廊(两面为柱子,中间为漏花墙分隔);依平面形式分可分为直廊、曲廊、回廊(图3-43)等。

⬆ 图3-40　平地廊

⬆ 图3-41　爬山廊

⬆ 图3-42　水上廊

⬆ 图3-43　回廊

(三) 榭

"榭者,藉也。藉景而成者也。或水边,或花畔,制亦随态。"——榭字含有凭借、依靠的意思。是凭借风景而形成的,或在水边,或在花旁,形式灵活多变。

现在,我们一般把"榭"看作一种临水的建筑物,所以也称"水榭"(图3-44)。它的基本形式是在水边架起一个平台,平台一半伸入水中,一半架立于岸边,平台四周以低平的栏杆相围绕,然后在平台上建起一个木构的单体建筑物,其临水一侧特别开敞,成为人们在水边的一个重要休息场所。

(四) 舫

舫是依照船的造型在园林湖泊中建造起来的一种船形建筑物,亦名"不系舟"。如苏州拙政园的香洲(图3-45)、北京颐和园的清晏舫(图3-46)等。

舫的前半部多三面临水,船首一侧常设有平桥与岸相连,仿跳板之意。通常下部船体用石建,上部船舱则多木结构。它可供人们在内游玩饮宴,观赏水景,身临其中,颇有乘船荡漾于水中之感。

⬆ 图 3-44 水榭

⬆ 图 3-45 苏州拙政园的香洲

⬆ 图 3-46 北京颐和园的清晏舫

(五)花架

在棚架旁边种植攀缘植物便可形成花架,又是

人们的避荫之所(图 3-47)。花架在园林景观设计中往往具有亭、廊的作用,作长线布置时,就像游廊一样能发挥空间的脉络作用。

⬆ 图 3-47 花架

二、园林小品

1. 园凳、园椅、园桌

园凳、园椅(图 3-48)主要供人小憩、观景之用。一般布置在树阴下、水池边、路旁、广场边,应具有较好的景观视野。

⬆ 图 3-48 木质椅子

有时园凳会结合园桌一起布置(图 3-49),这样人们可以在此进行打牌、下棋等休闲活动。

园凳、园椅、园桌应该坚固舒适、造型美观,与周围环境协调。

⊕ 图 3-49　石质凳、桌

2. 园墙、门洞、漏窗

（1）园墙。园墙包括围墙（图 3-50）、景墙（图 3-51）、屏壁等。它们一方面可以用于防护、分隔空间、引导视线，另一方面可以丰富景观。园墙的形式很多，有高矮、曲直、虚实、光滑与粗糙、有檐与无檐等区别。

⊕ 图 3-50　围墙

⊕ 图 3-51　景墙

（2）门洞。门洞具有导游、指示、装饰作用。一个好的园门往往给人以"引人入胜""别有洞天"的感觉。园门形式多样，有几何形（图 3-52）、仿生形（图 3-53）、特殊形（图 3-54）等。通常在门后置以山石、芭蕉、翠竹等构成优美的园林框景。

⊕ 图 3-52　几何形门洞

⊕ 图 3-53　仿生形门洞

⊕ 图 3-54　特殊形门洞

（3）窗。窗一般有空窗、漏窗或两者结合三种形式。空窗是指不装花格的窗洞，通常借其形成框景，其后常设置石峰、竹丛、芭蕉之类，通过空窗就可形成一幅幅绝妙的图画（图3-55）；漏窗是指有花格的窗口，花格是用砖、瓦、木、预制混凝土小块等构成，形式灵活多样，通常借其形成漏景（图3-56）。结合形窗是既有空的部分又有漏的部分（图3-57）。

⊕ 图3-55 空窗

⊕ 图3-56 漏窗

⊕ 图3-57 结合形窗

3．雕塑

雕塑是指用各种可塑材料（如石膏、树脂、黏土等）或可雕、可刻的硬质材料（如木材、石头、金櫃、玉块、玛瑙、铝、玻璃钢、砂岩、铜等），创造出具有一定空间的可视、可触的艺术形象。在人类还处于旧石器时代时，就出现了原始石雕、骨雕等。

雕塑的基本形式有圆雕（图3-58）、浮雕（图3-59）和透雕（镂空雕）（图3-60）。

⊕ 图3-58 圆雕

⊕ 图3-59 浮雕

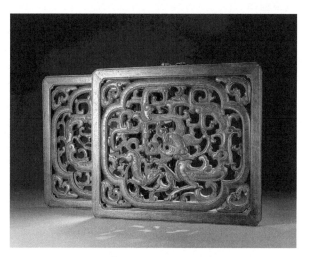

⊕ 图3-60 透雕

雕塑不仅具有艺术化的形象,而且可以陶冶人们的情操,有助于表现园林设计的主题。

园林雕塑应与周边环境相协调,要有统一的构思,使雕塑成为园林环境中的一个有机组成部分。雕塑的平面位置、体量大小、色彩、质感等方面都要置于园林环境中进行全面的考虑。

4．其他小品

园林中小品还有很多其他类型,例如园灯、标识牌、展览栏、栏杆、垃圾桶等。类型如此之多,这需要我们以整体性的思维在满足功能的前提下巧妙地设计和布置。

第五节　园　　路

园路,即园林中的通路,它是园林设计中不可缺少的构成要素。园路通过其交通网络形成园林的骨架引导人们游览,是联系景区和景点的纽带。此外,园路优美的线型、类型多样的铺装形式也可构成园景。

一、园路的类型

（一）按照其使用功能划分

一般园林景观绿地的园路按使用功能可以分为以下四类。

1．主要道路

主要道路应能够联系全园各个景区或景点。如果是大型园区,应考虑消防、游览、生产、救护等车辆的通行（图3-61）,宽度应为4～6m。主路还应尽可能地布置成环状。

2．次要道路

次要道路对主路起辅助作用,沟通各景点、建筑。宽度应依照游人的数量来考虑,次路的宽度一般为2～4m（图3-62）。

图 3-61　主要道路

图 3-62　次要道路

3．游步道

游步道是供人们漫步游赏的小路（图3-63）,经常是深入山间、水际、林中、花丛中。一般要使三人能并行,其宽度为1.8m左右;要使两人能并行,其宽度为1.2m左右。

图 3-63　游步道

4．异型路

异型路指步石、汀步（图3-64）、台阶、蹬道等，一般布置在草地、水面、山体上，形式灵活多样。

⊕ 图3-64 汀步

（二）按照其使用材料划分

园路按使用材料则可以分为以下四类。

1．整体路面

整体路面是指用水泥混凝土或沥青混凝土进行统铺的地面。它平整、耐压、耐磨，是用于通行车辆或人流集中的公园主路（图3-65）。

⊕ 图3-65 整体路面

2．块料铺地

块料铺地是指用各种天然块料或各种预制混凝土块料铺的地面。可以利用铺装块的特征来形成各种形式的铺装图案（图3-66）。

⊕ 图3-66 块料路面

3．碎料铺地

碎料铺地是用各种卵石、碎石等拼砌形成美丽的纹样的地面。它主要用于庭院和各种游憩、散步的小路，既经济、美丽，又富有装饰性（图3-67）。

⊕ 图3-67 碎料路面

4．简易路面

简易路面是由煤屑、三合土等组成的路面，多用于临时性或过渡性地面。

二、园路的功能

1．联系景点，引导游览

一个大型园区常常有各种不同功能的景区，这就需要道路将各个不同的景区、景点联系成一个整体。园路就像一个无声的导游引导人游览。

2．疏导

道路设计时应考虑到人流的分布、集散和疏导。对一些大型园区中的重要建筑或有消防需求的人流会聚的建筑，特别要注意消防通道的设计与联系，一般而言，消防通道的宽度至少是4m。

3．构成园林景观

园路类型多样的路面铺装形式（图3-68）、优美的线形（图3-69）也是一种可赏景观。

⊕ 图 3-68　铺装也能成景

⊕ 图 3-69　园路优美的线形

三、园路的布局原则

1．功能性原则

园林道路的布局要从其使用功能出发，综合考虑，统一规划，做到主次分明，有明确的方向性和指引性。

2．因景得路

园路与景相通，要根据景点与景点之间的位置关系，合理安排道路的走向。

3．因地制宜

要根据地形、地貌、景点的特点来布置，不可强行挖山填湖来筑路。

4．回环性

园林中的路多为四通八达的环行路，游人从任何一点出发都能遍游全园，不用走回头路。

5．多样性

园林道路的形式应该是多种多样的。在人流集聚的地方或庭院内，路可以转化为场地；在林间或草坪中，路可以转化为步行或休息岛；遇到建筑，路可以转化为"廊"；遇山地，路可以转化为盘山道、磴道、石级；遇水面，路可以转化为桥、堤、汀步等。

第四章
园林景观布局

第一节　布局的形式

园林景观尽管内容丰富，形式多样，风格各异。但就其布局形式而言，不外乎四种类型，即规则对称式与自然式，以及由此派生出来的规则不对称式和混合式。

一、规则对称式

规则对称式布局强调整齐、对称和均衡。有明显的主轴线，在主轴线两边的布置是对称的，因而要求地势平坦，若是坡地，需要修筑成有规律的阶梯状台地；建筑应采用对称式，布局严谨；园林景观设计中各种广场、水体轮廓多采用几何形状，水体驳岸严正，并以壁泉、瀑布、喷泉为主；道路系统一般由直线或有轨迹可循的曲线构成；植物配置强调成行等距离排列或作有规律地简单重复，对植物材料也强调人工整形，修剪成各种几何图形；花坛布置以图案式为主，或组成大规模的花坛群。

规则式的园林景观设计，以意大利台地园和法国宫廷园为代表，给人以整洁明快和富丽堂皇的感觉。遗憾的是缺乏自然美，一目了然，欠含蓄，并有管理费工之弊（图4-1）。

二、规则不对称式

规则不对称式布局的特点是绿地的构图是有规则的，即所有的线条都有轨迹可循，但没有对称轴线，所以布局比较自由灵活。林木的配置变化较多，不强调造型，从而使绿地空间有一定的层次和深度。这种类型较适用于街头、街旁以及街心块状绿地（图4-2）。

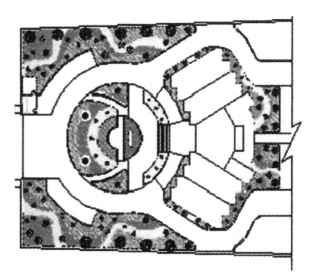

↑ 图4-1　规则对称式

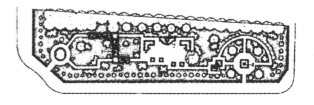

↑ 图4-2　规则不对称式

三、自然式

自然式构图没有明显的主轴线，其曲线也无轨迹可循；地形起伏富于变化，广场和水岸的外缘轮廓线和道路曲线自由灵活；对建筑物的造型和建筑布局不强调对称，善于与地形结合；植物配置没有固定的株行距，充分利用树木自由生长的姿态，不强求造型；在充分掌握植物的生物学特性的基础上，可以将不同品种的植物配置在一起，以自然界植物生态群落为蓝本，构成生动活泼的自然景观。自然式园林景观在世界上以中国的山水园与英国式的风致园为代表（图4-3）。

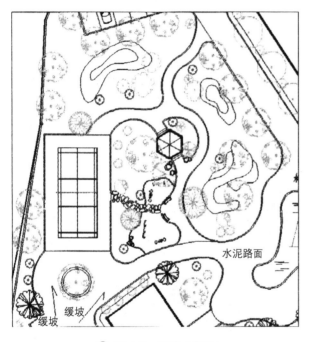

🔆 图4-3　自然式布局

四、混合式

混合式园林景观设计是综合规则与自然两种类型的特点，把它们有机地结合起来。这种形式应用于现代园林景观设计中，既可发挥自然式园林布局设计的传统手法，又能吸取西洋整齐式布局的优点，创造出既有整齐明朗、色彩鲜艳的规则式部分，又有丰富多彩、变化无穷的自然式部分。其手法是在较大的现代园林景观建筑周围或构图中心，运用规则式布局；在远离主要建筑物的部分，采用自然式布局。因为规则式布局易与建筑的几何轮廓线相协调，且较宽广明朗，然后利用地形的变化和植物的配置逐渐向自然式过渡。这种类型在现代园林景观中间用之甚广。实际上大部分园林景观都有规则部分和

自然部分，只是两者所占比重不同而已（图4-4）。

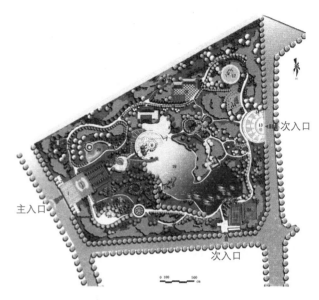

🔆 图4-4　混合式布局

在做园林景观设计时，选用何种类型不能单凭设计者的主观意愿，而要根据功能要求和客观可能性。譬如，一块处于闹市区的街头绿地，不仅要满足附近居民早晚健身的要求，还要考虑过往行人在此作短暂逗留的需要，则宜用规则不对称式；绿地若位于大型公共建筑物前，则可作规则对称式布局；绿地位于具有自然山水地貌的城郊，则宜用自然式；地形较平坦，周围自然风景较秀丽，则可采用混合式。同时，影响规划形式的不仅有绿地周围的环境条件，还有经济技术条件和技术条件。环境条件包括的内容很多，有周围建筑物的性质、造型、交通、居民情况等；经济技术条件包括投资和物质来源；技术条件指的是技术力量和艺术水平。一块绿地决定采用何种类型，必须对这些因素作综合考量后，才能作出决定。

第二节　布局的基本规律

清代布图《画学新法问答》中，论及布局要"意在笔先。""铺成大地，创造山川，其远近高卑，曲折深浅，皆令各得其势而不背，则格制定矣。然后相其地势之情形，可置树木处则置树木，可置屋宇处则置屋宇，可通入径处则置道路，可通旅行处则置桥梁，

无不顺适其情,克全其理。"园林景观设计布局与此论点极为相似,造园亦应该先设计地形,然后再安排树木、建筑和道路等。

画山水画与造园虽理论相通,但园林景观设计毕竟是一个游赏空间,应有其自身的规律。园林景观绿地类型很多,有公共绿地、街坊绿地、专用绿地、道路绿地、防护绿地和风景游览绿地等。这些类型由于性质不同,功能要求亦不尽相同。以公园来说,就有文化休息公园、动物园、植物园、森林公园、科学公园、纪念性公园、古迹公园、雕塑公园、儿童公园、盲人公园以及一些专类性花园,如兰圃、蔷薇园、牡丹园、芍药园等。显然由于这些类型公园性质的不同,功能要求也必然会有差异,再加上各种绿地的环境、地形地貌不同,园林景观绿地的规划设计很少能出现两块相同的情况。"园以景胜,景以园异",园林景观绿地的规划设计不能像建筑那样搞典型设计,供各地套用,必须因地制宜,因情制宜。因此园林景观绿地的规划设计可谓千变万化,但即使变化无穷,总有一定之轨,这个"轨"便是客观规律。

一、明确绿地性质并确定主题或主体的位置

绿地性质一经明确,也就意味着主题的确定。

主题与主体的意义是一致的,主题必寓于主体之中。以花港观鱼公园为例,花港观鱼公园顾名思义,以鱼为主题,花港则是构成观鱼的环境,也就是说,不是在别的什么环境中观鱼,而是在花港这一特定环境中观鱼,正因为在花港观鱼,才产生了"花著鱼身,鱼嘬花"的意境,这与在玉泉观鱼大异其趣。所以花港观鱼部分就成为公园构图的主体部分。同理,曲院风荷公园的主题为荷,荷花处处都有,所不同的是其环境,不是在别的什么地方欣赏荷花,而是在曲院这个特定的环境中观荷,则更富诗情画意。荷池就成为这个公园的主体,主题荷花寓于主体之中。主题必寓于主体之中是常规,当然也有例外,如保俶塔的位置虽不在西湖这个主体之中,但它却成为西湖风景区的主景和标志。

主题是根据绿地的性质来确定的,不同性质的绿地其主题也不一样。如上海鲁迅公园是以鲁迅的衣冠冢为主题的,北京颐和园是以万寿山上的佛香阁建筑群为主题的,北海公园是以白塔山为主题的。主题是园林景观绿地规划设计思想及内容的集中表现,整个构图从整体到局部,都应围绕这个主题做文章。主题一经明确,就要考虑它在绿地中的位置以及它的表现形式。如果绿地是以山景为主体的,可以考虑把主题放在山上;如果是以水景为主体的,可以考虑把主题放在水中;如果以大草坪为主体,主题可以放在草坪中心的位置。一般较为严肃的主题,如烈士纪念碑或主雕可以放在绿地轴线的端点或主副轴线的交点上(如长沙烈士公园纪念塔)。

主体与主题确定之后,还要根据功能与景观要求划出若干个分区,每个分区也应有其主体中心,但局部的主体中心,应服从于全园的构园中心,不能喧宾夺主,只能起陪衬与烘托作用。

二、确定出入口的位置

绿地出入口是绿地道路系统的起点与终点。特别是公园绿地,它不同于其他公共绿地,为了便于养护管理和增加经济收益,在现阶段,我国公园大部分是封闭型的,必须有明确的出入口。公园的出入口,可以有几个,这取决于公园面积大小和附近居民活动方便与否。主要出入口应设在与外界交通联系方便的地方,并且要有足够面积的广场,以缓冲人流和车辆,同时,附近还应将足够的空旷处作为停车场;次要出入口,是为方便附近居民在短时间内可步行到达而设的,因此大多设在居民区附近,还可设在便于集散人流而不致对其他安静地区有所干扰的体育活动区和露天舞场的附近。此外还有园务出入口。交通广场、路旁和街头等处的块状绿地也应设有多个出入口,便于绿地与外界联系和通行方便。

三、功能分区

由于绿地性质不同,其功能分区(图4-5)必然

相异,现举例说明。

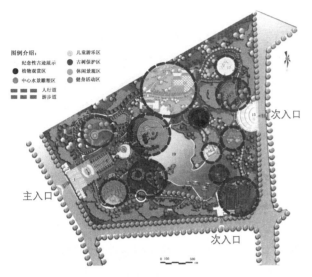

图例介绍:
- 纪念性古迹展示
- 植物疏览区
- 中心水景雕塑区
- 儿童游乐区
- 古树保护区
- 休闲景观区
- 健身活动区
- 人行道
- 游步道

主入口 次入口 次入口

0   100   500米

图4-5 某文化休闲公园功能分区图

文化休闲公园的功能分区和建筑布局公园中的休闲活动,大致可分为动与静两大类。园林景观设计的目的之一就是为这两类休闲活动创造优越的条件。安静休闲在公园的活动中应是主导方面,满足人们休息、呼吸新鲜空气、欣赏美丽的风景的需求;调节精神、消除疲劳是公园的基本任务,也是城市其他用地难以代替的。公园中,空气新鲜,阳光充足,环境优美,再加上有众多的植物群及其对大自然变化的敏感性等,因而被称为城市的"天窗"。作为安静休闲部分,在公园中所占面积应最大,分布也应最广,将丰富多彩的植被与湖山结合起来,构成大面积风景优美的绿地,包括山上、水边、林地、草地、各种专类性花园、药用植物区以及经济植物区等。结合安静休闲,为了挡烈日、避风雨和赏景而设的园林景观建筑,如在山上设楼台以供远眺,在路旁设亭以供游憩,在水边设榭以供凭栏观鱼,在湖边僻静处设钓鱼台以供垂钓,沿水边设计长廊进行廊游,房接花架作室内向外的延伸,设茶楼以品茗。游人可以在林中散步、坐赏牡丹、静卧草坪、闻花香、听鸟语、送晚霞、迎日出、饱餐秀色。总之,在这儿能尽情享受居住环境中所享受不到的园林景观美、自然美。

公园中以动为主的休闲活动,包括的内容也十分丰富,大致可分为四类,即文艺、体育、游乐以及儿童活动等。文艺活动有跳舞、音乐欣赏,还有书画、摄影、雕刻、盆景以及花卉等展览;体育活动诸如棋艺、高尔夫球、棒球、网球、羽毛球、航模和船模等比赛活动;游乐活动更是名目繁多。对上述众多活动项目,在规划中取其相近的相对集中,以便于管理。同时还要根据不同性质活动的要求,去选择或创造适宜的环境条件。如棋艺虽然属于体育项目,但它需要在安静环境中进行;又如书画、摄影、盆景以及插花等各种展览活动,亦需要在环境幽美的展览室中进行,还有各种游乐活动亦需要乔灌木及花草将其分隔开来,避免互相干扰。总之,凡在公园中进行的一切活动,都应有别于在城市其他地方进行,最大的区别就在于公园有绿化完善的环境,在这儿进行各项活动都有助于休息,陶冶心情,使人精神焕发。此外,凡是活动频繁的,游人密度较大的项目及儿童活动部分,均宜设在出入口附近,便于集散人流。

经营管理部分包括公园办公室、圃地、车库、仓库和公园派出所等。公园办公室应设在离公园主要出入口不远的园内,或为了方便与外界联系也可设在园外,以不影响执行公园管理工作的适当地点为宜。其他设施一般布置在园内的一角,不被游人穿行,并设有专用出入口。

以上列举的功能分区,要根据绿地面积大小,绿地在城市中所处的位置,群众要求以及当地已有文体设施的情况来确定。如果附近已有单独的游乐场、文化宫、体育场或俱乐部等,则在公园中就无须再安排相类似的活动项目了。

总之,公园内动与静的各种活动的安排,都必须结合公园的自然和环境条件进行,并利用地形和树木进行合理的分隔,避免互相干扰。但动与静的活动很难全然分开,例如在风景林内设有大小不同的空间,这些空间可以用作日光浴场、太极拳练习场等,亦可用来开展集体活动,静中有动,动而不杂,能保持相对安静;又如湖和山都是宁静部分,但人们开展爬山和划船比赛活动时,宁静暂时被打破,待活动结束,又复归平静,即使活动量很大的游乐活动,也宜在绿化完善的环境中进行,在活动中渗透着一种宁谧,让游人的精神得到更高层次上的休息。所以对功能分区来说,儿童游戏部分,各种球类活动以及园务管理部分是需要的,其他活动可以穿插在各种绿地空间之内,动的休闲和静的休闲并不需要有明确的分区界线。

四、景色分区

凡具有游赏价值的风景及历史文物,并能独自成为一个单元的景域称为景点。景点是构成绿地的基本单元。一般园林景观绿地,均由若干个景点组成一个景区,再由若干个景区组成风景名胜区,又由若干个风景名胜区构成风景群落。

北京圆明园内大小景点有 40 个,承德避暑山庄内景点有 72 个。景点可大可小。较大者,如西湖十景中的曲院风荷、花港观鱼、柳浪闻莺、三潭印月等,由地形地貌、山石、水体、建筑以及植被等组成的一个比较完整而富于变化的、可供游赏的空间景域;而较小者,如雷峰夕照、秋瑾墓、断桥残雪、双峰插云、放鹤亭等,可由一亭、一塔、一树、一泉、一峰、一墓所组成。

景区为风景规划的分级概念,不是每一个园林景观绿地都有的,要视绿地的性质和规模而定。把比较集中的景点用道路联系起来,构成一个景区。在景区以外还存在着独立的景点,这是自然现象,作为一个名胜区或大型公园,都应具有几个不同特色的景区,即景色分区,它是绿地布局的重要内容。景色分区有时也能与功能分区结合起来。例如,杭州市的花港观鱼公园,充分利用原有地形特点,恢复和发展历史形成的景观特点组成鱼池古迹、红鱼池、大草坪、密林区、牡丹园、新花港六个景区。鱼池古迹为花港观鱼旧址,在此可以怀旧,作今昔对比;红鱼池供观鱼取乐;花港的雪松大草坪不仅为游人提供气魄非凡的视景空间,同时也提供了开展集体活动的场所;密林区有贯通西里湖和小南湖的新花港水体,港岸自然曲折,两岸花木簇锦,芳草如茵,所以密林既起到空间隔离作用,又为游人提供了一个秀丽娴雅的休息场所;牡丹园是欣赏牡丹的佳处;新花港区有茶室,是品茗坐赏湖山景色的佳处。然而景

色分区往往比功能分区更加深入细致,要达到步移景异、移步换景的效果。各景色分区虽然具有相对独立性,但在内容安排上要有主次,在景观上要相互烘托和互相渗透,在两个相邻景观空间之间要留有过渡空间,以供景色转换,这在艺术上称为渐变。处理园中园则例外,因为在传统习惯上,园中园为园墙高筑的闭合空间,园内景观设计自成体系,不存在过渡问题,这就是艺术上的急转手法在园林景观设计中的体现。

五、风景序列、导游线和风景视线

1. 风景序列

风景序列,凡是在实践中开展的一切艺术,都有开始到结束的全部过程,在这个过程中,要有曲折变化,要有高潮,否则平淡无奇。无论文章、音乐还是戏剧都需要遵循这个规律,园林景观风景的展示也不能例外,通常有起景、高潮和结景的序列变化,其中以高潮为主景,起景为序幕,结景为尾声,尾声应有余音未了之意,起景和结景都是为了强调主景而设的。园林景观风景的展示,也有采用主景与结景合二为一的序列,如德国柏林苏军纪念碑,当出现主景时,序列亦宣告结束,这样使得园林景观绿地设计的思想性更为集中,游人因此产生的感觉也更为强烈(图4-6)。北京颐和园在起结的艺术处理上达到了很高的成就。游人从东宫门入内,通过两个封闭院落,未见有半点消息。直到绕过仁寿殿后面的假山,顿时豁然开朗,偌大的昆明湖、万寿山、玉泉山、西山诸风景以万马奔腾之势涌入眼底,到了全园制

🔼 图 4-6 德国柏林苏军纪念碑

高点佛香阁,居高临下,山水如画,昆明湖辽阔无边,这个起和结达到了"起如奔马绝尘,须勒得住而又有住而不住之势;一结如众流归海,要收得尽而又有尽而不尽之意"(《东庄画论》)的艺术境界,令人叹为观止。

总之,园林景观风景序列的展现,虽有一定规律可循,但不能程式化,要有创新,应别出心裁,富有艺术魅力,方能引人入胜。

园林景观风景展示序列与看戏剧有相同之处,也有不同之处。相同之处,都有起始、展开、曲折、高潮以及尾声等结构处理;不同之处是,看戏剧需一幕幕地往下看,不可能出现倒看戏的现象,但倒游园的情况却是经常发生的。因为大型园林景观至少有两个以上的出入口,其中任何一个入口都可成为游园的起点。所以在组织景点和景区时,一定要考虑这一情况。在组织导游路线时,要与园林景观绿地的景点、景区配合得宜,为风景展示创造良好条件,这对提高园林景观设计构图的艺术效果极为重要。

2.导游线

导游线也可称为游览路线,它是连接各个风景区和风景点的纽带。风景点内的线路也有导游作用。导游线与交通路线不完全相同,导游线自然要解决交通问题,但主要是组织游人游览风景,使游人能按照风景序列的展现,游览各个景点和景区。导游线的安排决定于风景序列的展现手法。风景序列展现手法有以下三点。

(1)开门见山,众景先给予游者以开阔明朗,气势宏伟之感,如法国凡尔赛公园、意大利的台地园以及我国南京中山陵园均属此种手法。

(2)深藏不露、出其不意,使游者能产生柳暗花明的意境,如苏州留园、北京颐和园、昆明西山的华亭寺以及四川青城山寺庙建筑群,皆为深藏不露的典型例子(图4-7)。

(3)忽隐忽现入门便能遥见主景,但可望而不可即,如苏州虎丘风景区即采用这种手法,主景在导游线上时隐时现,始终在前方引导,当游人终于到达主景所在地时,已经完成全园风景点或区的游览任务。

图 4-7　四川青城山寺庙建筑群

在较小的园林景观中,为了避免游人走回头路,常把游览路线设计成环形,也可以环上加环,再加上几条登山越水的捷道即可。面积较大的园林景观绿地,可布置几条游览路线供游人选择。对一个包含着许多景区的风景群落或包含着许多风景点的大型风景区,就要考虑一日游、二日游或三日游行程的景点和景区的安排。

导游线可以用串联或并联的方式,将景点和景区联系起来。风景区内自然风景点的位置不能任意搬动,有时离主景入口很近,为达到引人入胜的观景效果,或者另选入口,或将主景屏障起来,使之可望而不可即,然后将游览线引向远处,使最终到达主景。

游览者有初游和常游之别。初游者应按导游线循序渐进,游览全园;常游者则有选择性地直达所要去的景点或景区,故要设捷径,捷径宜隐不宜露,以免干扰主要导游线,使初游者无所适从。在这里需要指出的是,有许多古典园林景观如留园(图4-8)、拙政园和现代园林景观花港观鱼公园、柳浪闻莺公园以及杭州植物园(图4-9)等,并没有一条明确的导游线,风景序列不明,加之园的规模很大,空间组成复杂,层层院落和弯弯曲曲的岔道很多,入园以后的路线选择随意性很大,初游者犹如入迷宫之感。这种导游线带有迂回、往复、循环等不定的特点,然而中国园林景观的特点,就妙在这不定性和随意性上,一切安排若似偶然,或有意与无意之间,最容易使游赏者得到精神上的满足。

⊕ 图4-8 留园

⊕ 图4-9 杭州植物园

3．风景视线

　　园林景观绿地有了良好的导游线还不够，还需开辟良好的风景视线，给人以良好的视角和视域，才能获得最佳的风景画面和最佳的意境感受。

　　综上所述，风景序列、导游线和风景视线三者是密不可分、互为补充的关系。三者组织得好坏，直接关系到园林景观设计整体结构的全局和能否充分发挥园林景观艺术整体效果的大问题，必须予以足够的重视。

第五章
园林景观设计的程序

园林景观设计程序实际上就是园林景观设计的步骤和过程,所涉及的范围很广泛,主要包括公园、花园、小游园、居住绿地及城市街区、机关事业单位附属绿地等。其中公园设计内容比较全面,具有园林景观设计的典型性,所以本章以公园景观设计程序为代表进行讲述。公园景观设计程序主要包括园林景观设计的前期准备、总体规划方案和施工图设计三个阶段。

第一节 园林景观设计的前期准备阶段

一、收集必要的资料

收集的资料必须考虑资料的准确性、来源和日期。

(一)图纸资料

1. 原地形图

原地形图即园址范围内总平面地形图。图纸应包括以下内容:设计范围,即红线范围或坐标数字;园址范围内的地形、标高及现状物,包括现有建筑物、构筑物、山体、水系、植物、道路、水井,还有水系的进出口位置、电源等的位置,现状物中要求保留并分别注明利用、改造和拆迁等情况;四周环境情况;与市政交通联系的主要道路名称、宽度、标高点数字以及走向和道路、排水方向,周围机关、单位、

居住区的名称、范围以及今后的发展状况;图纸的比例尺可根据面积大小来确定,可采用1:2000、1:1000、1:500等(图5-1)。

⊕ 图 5-1 衡阳市黄巢公园原地形图

2. 局部放大图

局部放大图主要为规划设计范围内需要局部精细设计的部分。如保留的建筑或山石泉池等。该图纸要满足建筑单位设计及其周围山体、水系、植被、园林小品及园路的详细布局的需要。一般采用1:100或1:200的比例。

3. 要保留使用的主要建筑物的平、立面图

要保留使用的主要建筑物的平、立面图用于注明平面位置,室内、外标高,建筑物的尺寸、颜色等内容。

4．现状树木分布位置图

现状树木分布位置图主要标明要保留树木的位置，并注明胸径、生长状况和观赏价值等。有较高观赏价值的树木最好附以彩色照片。图纸一般采用1∶200或1∶500的比例。

5．原有地下管线图

原有地下管线图一般要求与施工图比例相同。图内应包括要保留的给水、雨水、污水、化粪池、电信、电力、暖气沟、煤气、热力等管线位置及井位等。除平面图外，还要有剖面图，并需要注明管径的大小、管底或管顶标高、压力、坡度等。图纸一般采用1∶500或1∶200的比例。

（二）文字资料

除收集必要的图纸外，还需收集必要的文字资料。

（1）甲方对设计任务的要求及历史状况。

（2）规划用地的水文、地质、地形、气象等方面的资料。掌握地下水位，年、月降雨量；年最高最低温度的分布时间，年最高最低湿度及其分布时间；年季风风向、最大风力、风速以及冰凉线深度等。重要或大型园林建筑规划位置尤其需要地质勘查资料。

（3）城市绿地总体规划与公园的关系，以及对公园设计上的要求，城市绿地总体规划图，比例尺为1∶5000～1∶10000。

（4）公园周围的环境关系、环境的特点、未来发展情况。如周围有无名胜古迹、人文资源等。

二、收集需要了解的资料

（1）了解公园周围城市景观。建筑形式、体量、色彩等与周围市政的交通联系；人流集散方向；周围居民的类型与社会结构，如厂矿区、文教区或商业区等的情况。

（2）了解该地段的能源情况。电源、水源以及排污、排水；周围是否有污染源，如有毒有害的厂矿企业、传染病医院等情况。

（3）植物状况：了解和掌握地区内原有的植物种类、生态、群落组成，还有树木的年龄观赏特点等。

（4）了解建园所需主要材料的来源与施工情况，如苗木、山石、建材等情况。

（5）了解甲方要求的园林设计标准及投资额度等。

三、现场踏勘

通过现场踏勘，第一，核对和补充所收集的图纸资料，如现状建筑、树木等情况，水文、地质、地形等自然条件；第二，设计者到现场勘察，可根据周围环境条件进行设计构思，如发现可利用、可借景的景物和不利或影响景观的物体，在规划过程中分别加以适当处理。因此，无论面积大小及设计项目难易，设计者都必须认真到现场进行勘察。有的项目如面积较大或情况较复杂，还必须进行多次勘察。

四、编制出进行公园设计的要求和说明

设计者将所收集到的资料进行整理，并经过反复地思考、分析和研究，定出总体设计原则和目标，编制出进行公园设计的要求和说明。主要包括以下内容。

（1）公园在城市绿地系统中的关系。

（2）公园所处地段的特征及四周环境。

（3）公园的性质、主题艺术风格特色要求。

（4）公园的面积规模及游人容量等。

（5）公园的主次出入口及园路广场等。

（6）公园地形设计，包括山体水系等。

（7）公园的植物如基调树种、主调树种选择要求。

（8）公园的分期建设实施的程序。

（9）公园建设的投资预算。

第二节　园林景观设计的总体设计方案阶段

明确了公园在城市绿地系统中的关系,确定了公园总体设计的原则与目标以后,应着手进行以下设计工作。

一、总体方案设计的图纸内容及画法

1．位置图

位置图属于示意性图纸,表示该公园在城市区域内的位置,要求简洁明了。

2．现状分析图

现状分析图是根据已掌握的全部资料,经分析、整理、归纳后,分成若干空间,对现状作综合评述。可用圆形圈或抽象图形将其概括地表示出来。例如,经过对四周道路的分析,根据主、次城市干道的情况,确定出入口的大体位置和范围。同时,在现状图上,可分析公园设计中有利和不利因素,以便为功能分区提供参考依据。

3．功能分区图

功能分区图是以总体设计的原则、以现状图分析图为基础,根据不同年龄阶段游人活动的要求及不同兴趣爱好游人的需要,确定不同的分区,划出不同的空间或区域,使不同空间和区域满足不同的功能要求,并使功能与形式尽可能统一。另外,分区图可以反映不同空间、分区之间的关系。功能分区图同样可以用抽象图形或圆圈来表示(图5-2)。

4．总体规划方案图(总平面图)

总体规划方案图是根据总体设计原则和目标,将各设计要素轮廓性地表现在图纸上。总体设计方案图应包括以下内容。

(1)公园与周围环境的关系。公园主要、次要、专用出入口与市政的关系,即面临街道的名称、宽度;周围主要单位名称,或居民区等;公园与周围园界的关系,围墙或透空栏杆都要明确表示。

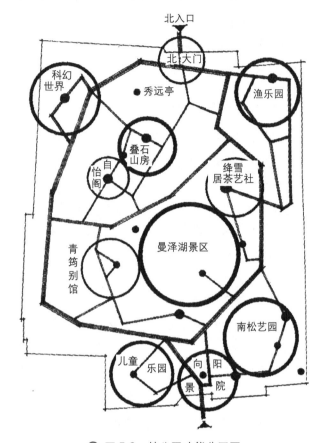

⊕ 图5-2　某公园功能分区图

(2)公园主要、次要、专用出入口的位置、面积、规划形式等;主要出入口的内、外广场,停车场,大门等布局。

(3)公园的地形总体规划。地形等高线一般用细虚线表示。

(4)道路系统规划,一般用不同粗细的实线表示不同宽度的道路。

(5)全园建筑物、构筑物等布局情况,建筑平面要能反映总体设计意图。

(6)全园的植物规划,图上反映密林、疏林、树丛、草坪、花坛、专类花园、盆景园等植物景观。此外,总体设计图应准确标明指北针、比例尺、图例等内容(图5-3)。

图纸比例根据规划项目面积大小而定。面积100公顷以上的,比例尺多采用1:2000～1:5000;面积为10～50公顷的,比例尺用1:1000;面积8公顷以下的,比例尺可用1:500。

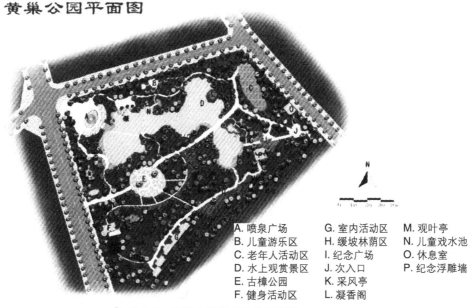

黄巢公园平面图

A. 喷泉广场　　　G. 室内活动区　　　M. 观叶亭
B. 儿童游乐区　　H. 缓坡林荫区　　　N. 儿童戏水池
C. 老年人活动区　I. 纪念广场　　　　O. 休息室
D. 水上观赏景区　J. 次入口　　　　　P. 纪念浮雕墙
E. 古樟公园　　　K. 采风亭
F. 健身活动区　　L. 凝香阁

⊕ 图5-3　衡阳市黄巢公园总平面图

5．全园竖向规划图

竖向规划即地形规划。地形是全园的骨架，要求能反映出公园的地形结构。以自然山水园而论，要求表达山体、水系的内在有机联系。根据规划设计的原则、分区及造景要求，确定山形、制高点、山峰、山脉、山脊走向、丘陵起伏、缓坡、微地形以及坞、岗、岫、岘等陆地地形；同时，还要表示出湖、池、潭、港、湾、涧、溪、滩、沟、渚以及堤、岛等水体形状，并要标明湖面的最高水位、常规水位、最低水位线以及入水口、排水口的位置（总排水方向、水源及雨水聚散地）等。此外，也要确定主要园林建筑所在地的地面高程，桥面、广场以及道路变坡点高程等。还必须标明公园周围市政设施、马路、人行道以及与公园邻近单位的地坪高程，以便确定公园与四周环境之间的排水关系（图5-4）。

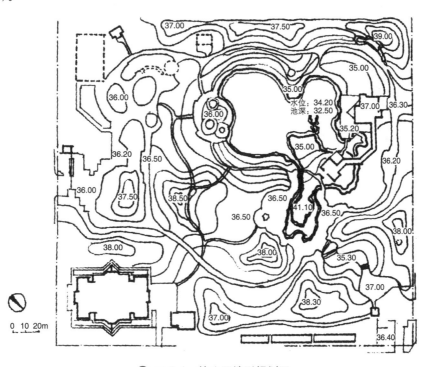

⊕ 图5-4　某公园地形规划图

表示方法：规划等高线用细实线表示，原有等高线用细虚线表示，或用不同颜色的线条分别表示规划等高线和原有等高线。规划高程和原有高程也要以粗细不同的黑色数字或颜色不同的数字区别开来，高程一般精确到小数点后两位。

6. 园路、广场系统规划图

以总体规划方案图为基础，首先在图上确定公园的主次出入口、专用入口及主要广场的位置；其次确定主干道、次干道等的位置以及各种路面的宽度、排水坡度等，并初步确定主要道路的路面材料、铺装形式等。图纸上用虚线画出等高线，再用不同的粗线、细线表示不同级别的道路及广场，并将主要道路的控制标高注明（图5-5）。

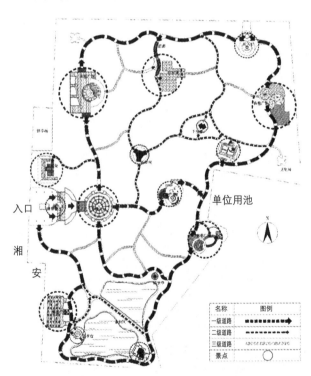

🔁 图5-5　衡阳市黄巢公园道路总体规划图

7. 种植总体规划图

根据总体规划图的布局、设计的原则，以及苗木的情况，确定全园的基调树种，各区的侧重树种及最好的景观位置等。种植总体规划内容主要包括密林、草坪、疏林、树群、树丛、孤立树、花坛、花境、园林种植小品等不同种植类型的安排及月季园、牡丹园、香花园、观叶观花园、盆景园、观赏或生产温室、

爬蔓植物观赏园、水景园等以植物造景为主的专类园（图5-6）。

植物图例表

序号	图例	名称
01		香樟
02		桂花
03		栾树
04		杜英
05		广玉兰
06		罗汉松
07		多杆香樟
08		锦叶白兰
09		樱花
10		桃树
11		紫玉兰
12		石楠
13		紫薇
14		红叶李
15		海藻
16		红继木球

🔁 图5-6　某广场植物种植规划图

表示方法：植物一般按园林绿化设计图例（主要表现种植类型）表示，要强化；其他设计因素按总体规划方案图的表示方法表示，要弱化。

8. 园林建筑布局图

要求在平面上反映全园总体设计中建筑在全园的布局，主要、次要、专用出入口的售票房、管理处、造景等各类园林建筑的平面造型，大型主体建筑、展览性、娱乐性、服务性等建筑平面位置及周围关系。还有游览性园林建筑，如亭、台、楼、阁、树、桥、塔等类型建筑的平面安排等。除平面布局外，还应画出主要建筑物的平面图、立面图。

9. 管线总体规划图

根据总体规划要求，以种植规划为基础，确定全园的上水水源的引进方式；水的总用量，包括消防、生活、造景、喷灌、浇灌、卫生等；上水管网的大致分布、管径大小、水压高低等。确定雨水、污水的水量，以及排放方式，管网大体分布，管径大小及水的去处等。北方冬天需要供暖，则要考虑供暖方式、负荷多少、锅炉房的位置等。

表示方法：在种植规划图的基础上，以不同粗细或不同色彩的线条表示，并在图例中注明。

10. 电气规划图

根据总体规划原则，确定总用电量、用电利用系数、分区供电设施、配电方式、电缆的敷设以及各区各点的照明方式等，还要确定通信电缆的敷设及设备位置等。

11. 鸟瞰图

通过钢笔画、钢笔淡彩、水彩画、水粉画、计算机三维辅助设计或其他绘画形式直观地表达园设计的意图；园林设计中各景区、景点、景物形象的俯视全景效果图。鸟瞰图制作要点如下。

（1）可采用一点透视、两点透视、轴测法或多点透视法作鸟瞰图，但在尺度、比例上要尽可能准确反映景物的形象。

（2）鸟瞰图应注意"近大远小、近清楚远模糊、近写实远写意"的透视法原则，以达到鸟瞰图的空间感、层次感、真实感。

（3）一般情况下，除了大型公共建筑，城市公园内的园林建筑和树木比较，树木不宜太小，以 15～20 年树龄的高度为画图的依据（图 5-7）。

⊕ 图 5-7 衡阳市黄巢公园鸟瞰图

（4）鸟瞰图除表现公园本身，还要画出周围环境，如公园周围的道路交通等市政关系，公园周围城市景观；公园周围的山体、水系等。

二、总体设计说明书编制

总体设计方案除了图纸外，还要求有一份相对应的文字说明书，全面说明项目的建设规模、设计思想、设计内容以及相关的技术经济指标和投资概算等。具体包括以下几个方面。

（1）项目的位置、现状、面积。

（2）项目的工程性质、设计原则。

（3）项目的功能分区。

（4）设计的主要内容。包括山体地形、空间围合、湖池、堤岛水系网络、出入口、道路系统、建筑布局、种植规划、园林小品等。

（5）管线、通信规划说明。

（6）管理机构。

第三节　园林景观设计的施工图设计阶段

在上述总体设计阶段，有时甲方要求进行多方案的比较或征集方案投标。经甲方与有关部门审定、认可并对方案提出新的意见和要求，有时总体设计方案还要做进一步的修改和补充。在总体设计方案最后确定以后，接着就要进行详细的施工图设计工作。施工图设计与总体方案设计基本相同，但需要更深入、更精细的设计，因为它是进行施工建设的依据。

一、施工设计图纸总要求

（一）图纸规范要求

图纸要尽量符合中华人民共和国住房和城乡建设部的《建筑制图标准》的规定。图纸尺寸如下：0 号图为 841mm×1189mm，1 号图为 594mm×841mm，2 号图为 420mm×594mm，3 号图为 297mm×420mm，4 号图为 297mm×210mm。

4号图不得加长,如果要加长图纸,只允许加长图纸的长边,特殊情况下,允许加长1～3号图纸的长度、宽度,0号图纸只能加长长边,加长部分的尺寸应为边长的1/8及其倍数。

图纸要注明图头、图例、指北针、比例尺、标题栏及简要的图纸设计内容的说明。图纸要求字迹清楚、整齐,不得潦草;图面清晰、整洁,图线要求分清粗实线、中实线、细实线、点划线、折断线等,并准确表达对象。图纸上文字、阿拉伯数要清晰规整。

(二)施工设计平面的坐标及基点、基线要求

一般图纸均应明确画出设计项目范围,画出坐标网及基点、基线的位置,以便作为施工放线的依据。基点、基线的确定应以地形图上的坐标线或现状图上工地的坐标据点,或现状建筑屋角、墙面,或构筑物、道路等为依据,必须纵横垂直,一般坐标网依图面大小每10m、20m、50m的距离,从基点、基线向上、下、左、右延伸,形成坐标网,并标明纵横坐标字母,一般用英文字母A、B、C、D……和对应的A'、B'、C'、D'……与阿拉伯数字1、2、3、4……和对应的1'、2'、3'、4'……标记,从基点0、0'坐标点开始,以确定每个方格网交点的纵横数字所确定的坐标,作为施工放线的依据。

二、各类施工图内容及要求

(一)平面施工图

1.施工放线总图

主要标明各设计因素之间具体的平面关系和准确位置。施工放线总图包括如下内容。

(1)保留利用的建筑物、构筑物、树木、地下管线等。

(2)设计的地形等高线、标高点、水体、驳岸、山石、建筑物、构筑物的位置、道路、广场、桥梁、涵洞、树种设计的种植点、园灯、园椅、雕塑等全园设计内容(图5-8)。

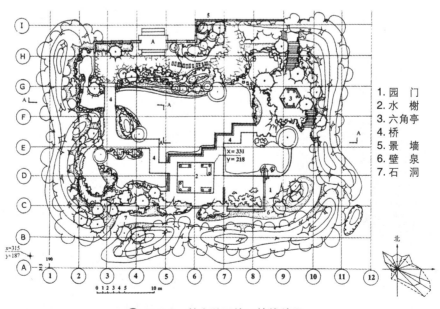

1.园 门
2.水 榭
3.六角亭
4.桥
5.景 墙
6.壁 泉
7.石 洞

图5-8 某小游园施工放线总图

(3)放线坐标网。

表示方法:地下管线用细红线表示;地形等高线用细黑虚线表示;山体、水体均用最粗黑线加细线表示,一

般为重点景区,要突出;其他如园路、广场栏杆、座椅等按图例用不同粗细黑线表示,不需太突出。

2．局部设计平面图

根据公园或工程的不同分区,划分若干局部,每个局部根据总体设计的要求进行局部详细设计,一般比例尺为1∶200,等高线距离小于0.5m。

局部施工平面图要求标明建筑平面、标高及与周围环境的关系等;标明道路的宽度、形式、标高;主要广场、地坪的形式和标高;花坛、水池面积大小和标高;驳岸的形式、宽度、标高。同时平面上标明雕塑、园林小品的造型等。

表示方法:要用不同等级粗细的线条,画出等高线、园路、广场、建筑、水池、湖面、驳岸、树林、草地、灌木丛、花坛、花卉、山石、雕塑等。

（二）地形设计施工图

1．地形设计平面图

地形设计的主要内容:平面图上应确定陆地如制高点、山峰、台地、丘陵、缓坡、平地、微地形、丘阜、坞、岛等的具体标高;确定水系如湖、池、溪流等岸边、池底以及入水口、出水口等的标高;明确各区的排水方向、雨水汇集点及各景区园林建筑、广场的具体标高。一般草地最小坡度为1%,最大不得超过33%,最适坡度为1.5%～10%,人工剪草机修剪的草坪坡度不应大于25%。一般绿地缓坡坡度为8%～12%。

地形设计平面图还应包括地形改造过程中的填方、挖方内容。在图纸上应写出全图的挖方、填方数量,说明应进园土方或运出土方的数量,填土之间土方调配的运送方向和数量,一般力求全园挖、填土方取得平衡。

2．横纵剖面图

除了平面图,还要求画出剖面图。包括主要部位山形、丘陵、坡地的轮廓线及高度、平面距离等。要注明剖面的起止点、编号,以便与平面图配套（图5-9）。

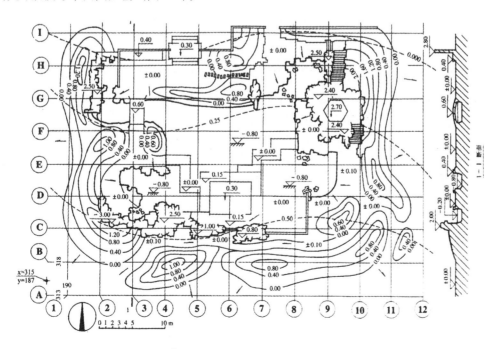

☆ 图5-9　某小游园地形设计图

3．水系设计图

除了陆地上的地形设计,水系设计也是十分重要的组成部分。平面图应表明水体的平面位置、形状、大小、类型、深浅以及工程设计要求。

首先,应完成进水口、溢水口或泄水口的大样图。然后,从全园的总体设计对水系的要求考虑,画出主、次湖面,堤、岛、驳岸造型,溪流、泉水等及水体附属物的平面位置,以及水池循环管道的平面图。

除平面图外,还要绘出纵剖面图,主要表示出水体驳岸、池底、山石、汀步、堤、岛等工程（图 5-10),表示方法如下。

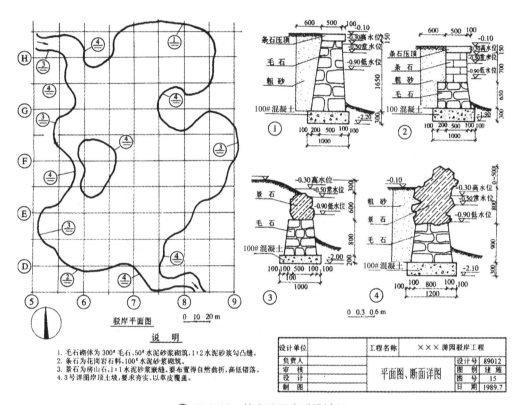

❀ 图 5-10　某小游园水系设计图

平面图:现状等高线、驳坎等用细红线表示;现状高程用加括号细书字表示;设计等高线用不同粗细的黑线表示;设计标高用不加括号的黑色数字表示;排水方向用黑色箭头表示;用黑色细实线和虚线分别表示填挖方范围,并注明填挖方量。

剖面图:轮廓线用细黑粗线表示,高程及距离用黑色细线表示,每个剖面均要注明编号,以便与平面图配套。

（三）种植设计施工图

种植设计图上应表现树木花草的种植位置、品种、种植类型、种植距离等内容。应画出常绿乔木、落叶乔木、常绿灌木、开花灌木、绿篱、花篱、草地、花卉等具体的位置、品种、数量、种植方式等。

植物配置图的比例尺一般采用1:500、1:300、1:200,根据具体情况而定。

大样图:重点树丛、林缘、绿篱、花坛等需要附大样图,一般用1:100的比例尺,以便准确地表示出重点景点的设计内容。

表示方法:种植设计平面图,按一般绿化设计图例表示,在同一幅图上,树冠图例不宜表示太多,花卉、绿篱表示也要统一,以便使图纸让人看后一目了然。乔木树冠用中、壮年树冠的冠幅,一般以5～6m树冠为制图标准,灌木、花草以相应尺寸来表示(图5-11)。

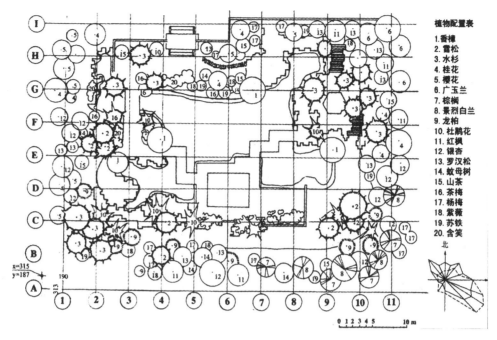

⊕ 图 5-11　某小游园种植设计图

(四)园林建筑设计图

园林建筑设计图也称单体设计图,表示各园林建筑的组合、尺寸、式样、大小、高矮、颜色及做法等。包括建筑平面位置图(反映建筑的平面位置、朝向、周围环境的关系)、底层平面图、建筑各方向的剖面图、屋顶平面、必要的大样图、建筑结构图及效果图等(图5-12)。

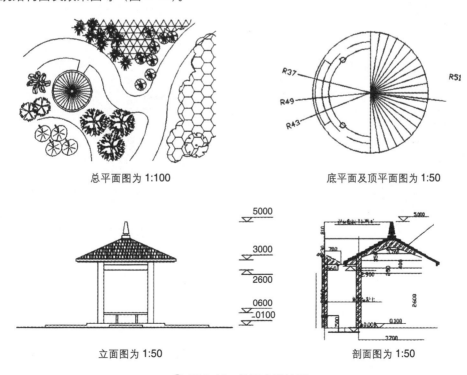

总平面图为 1:100　　　　　底平面及顶平面图为 1:50

立面图为 1:50　　　　　剖面图为 1:50

⊕ 图 5-12　某园亭设计图

表示方法：除建筑平面位置图以施工总图为依据画出外，其他图纸均按住房和城乡建设部的建筑制图标准出图。

（五）园路、广场设计图

园路、广场设计图主要表明园内各种园路（主干道、次干道及小路）、广场的具体位置、宽度、高程、纵横坡度、排水方向及路面做法等。路面结构、道牙安装、与绿化的关系以及道路广场的交接、拐弯、交叉口必须有大样图。

表示方法：平面图要根据园路系统的总体规划要求，在施工总图的基础上，画出各种道路、广场、地坪、台阶、盘山道、山路、汀步、道桥等的位置，并注明每段的高程。一般园路分主路、支路和小路3级。园路最低宽度为0.9m，主路一般为3～5m，支路为2～3.5m。国际康复协会规定残疾人使用的坡道最大纵坡为8.33%，所以，主路纵度上限为8%，山地公园主路纵坡应小于12%。《公园设计规范》规定，支路和小路纵坡宜小于18%，超过18%的纵坡，宜设台阶、梯道。并且规定，通行机动车的园路宽度应大于4m，转弯半径不得小于12m。一般室外台阶比较舒适的高度为12cm，宽度为30cm，纵坡为40%。一般混凝土路面纵坡为0.3%～5%、横坡为1.5%～2.5%，园石或拳石路面纵坡为0.5%～9%、横坡为3%～4%，天然土路纵坡为0.5%～8%、横坡为3%～4%。

除平面图外，还要求用1：20的比例绘出剖面图，主要表示各种路面、山路、台阶的宽度及其材料、道路的结构层（面层、垫层、基层等）厚度做法。注意每个剖面都要编号，并要与平面配套（图5-13）。

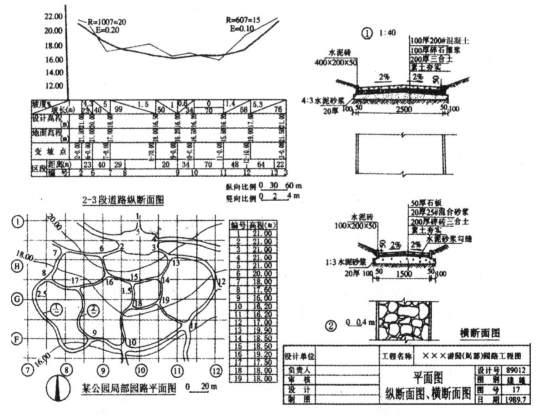

❀ 图5-13　某公园局部道路设计图

（六）山石设计图

山石、雕塑等园林小品也是园林造景中的重要因素。最好做成山石施工模型或雕塑小样，便于施工过程中，能较理想地体现设计意图。在园林景观设计中，主要参照施工总图提供山石平面图，示意性画出立面、剖面图，应提出高度、体量、造型构思、色彩等要求，以便与其他行业相配合（图5-14）。

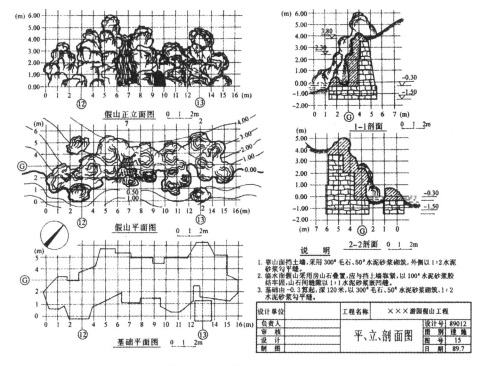

⊕ 图 5-14　某亭园山石设计图

（七）地下管线设计图

在管线规划图的基础上，表现出上水（造景、绿化、生活、卫生、消防）、下水（雨水、污水）、暖气、煤气等各种管网的位置、规格、埋深等。表示方法如下。

平面图：在管线规划图的基础上，表示管线及各种管井的位置坐标，注明每段管线的长度、管径、高程及如何接头等。不同管线可分别用字母代表，如 P 代表排水管道，J 代表给水管道等，并在图例中注明（图 5-15）。

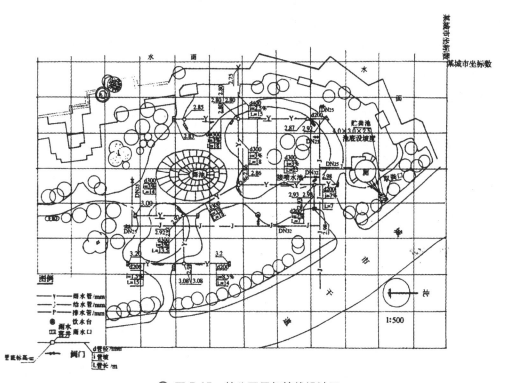

⊕ 图 5-15　某公园局部管线设计图

剖面图：主要画好检查井详图。用黑粗线表示井内管线及阀门等交接情况。

应按市政设计部门的具体规定和要求正规出图。

（八）电气设计图

在电气规划图上将各种电气设备、绿化灯具位置、变电室及电缆走向位置等具体标明。

表示方法：应按供电部门的具体要求及建筑电气设计安装规范正规出图。

三、苗木及工程量统计表

（1）苗木表：包括编号、品种、数量、规格、来源、价格、备注等。

（2）工程量：包括项目、数量、规格、备注等。

四、设计预算

（1）土建部分：按工程概预算要求算出。

（2）绿化部分：按苗木单价预算出成本价，再按建筑安装工程中园林绿化工程预算出施工价，两者合一。

土建部分造价和绿化部分造价相加为工程总预算价。

第四节　风景园林的表现形式

风景园林设计方案由过去的传统的大图面表现方式开始，随着向计算机制作方式的转变，形式也变得日益多样化起来，有方案图册、展板展示、幻灯制作、模型制作等。但无论形式如何变化，其设计内容不会变。设计内容的准确表达，依然是以图形为媒介，制图规范为标准的设计意图表现，因此设计离不开图形和图纸。

一、图纸分类与制作

设计的构想依赖图纸表现。制图的规范化和标准化是准备表达设计意图的根本。设计意图的准确表现是设计图纸类型的正确使用以及简洁明了的图示。如图 5-16 ～图 5-22 分别展示了不同类型方案的示意图。

建筑内部是由长、宽、高三个方向构成的一个立体空间，称为三度空间体系。要在图纸上全面、完整、准确地表示它，就必须利用正投影制图，绘制出空间界面的平、立、剖面图。

（一）图纸框设计制作

设计图纸框看似简单，其实很重要，如果设计不好，使用时就会麻烦。一般规格尺寸的图纸是：A0(1189mm× 841mm)、A1（841mm×594mm）、A2（594mm×421mm）、A3（420mm×297mm）、A4（297mm× 210mm）。图纸的左侧装订留白为 25 ～ 30mm，A0、A1、A2 图纸周边留白不低于 10mm，A3、A4 图纸周边留白不低于 5mm，也可进行特殊处理。图纸栏目包括：公司名称及标志栏（含公司地址、电话、传真号以及 E-mail）、工程名称填写栏、图纸名称填写栏、比例尺填写栏（要求与图纸名称栏并列，便于对应填写）、设计者填写栏、设计日期填写栏、审核签字填写栏、图纸编号填写栏。公司名称设计字体一般偏大,比较讲究艺术形式,要有独特的设计品位,有时也配上英文字母及公司的标志符号。图纸的其余栏目是为帮助人们填写内容而设的,因此占据位置不可太大,字一般比较小,字体应统一(一般用宋体或黑体)。填写栏空格大小应适当,太小了内容多时会填不下,太大了则构图则不美观,合理布局是设计图纸框的关键。图纸框有纵向分割与横向分割。纵向分割在填写较多内容时有些不方便,因填写行数增多会带来阅读的不方便;横向分割就不会出现这样的问题。

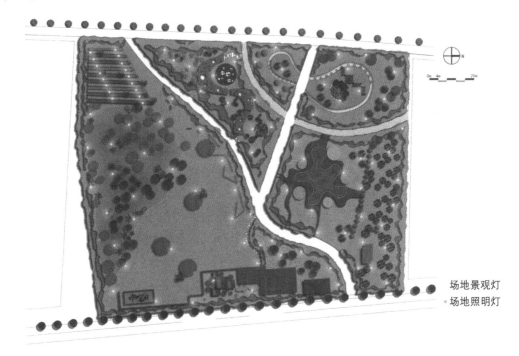

⊕ 图 5-16 灯光分布图

⊕ 图 5-17 硬质铺装示意图

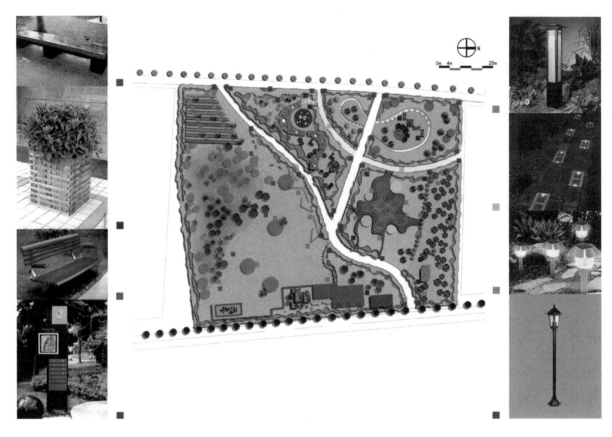

图 5-18　公共设施分布示意图

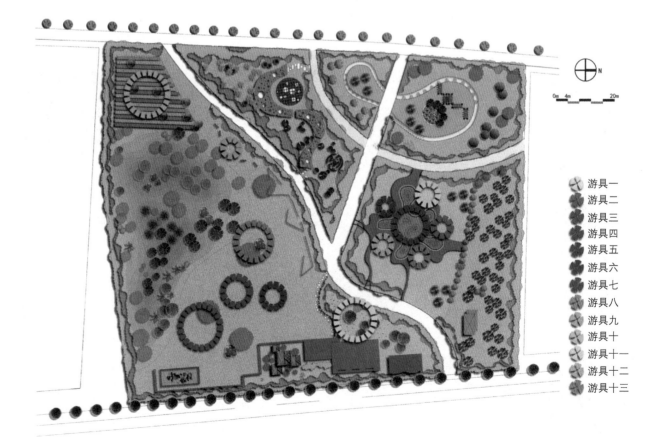

游具一
游具二
游具三
游具四
游具五
游具六
游具七
游具八
游具九
游具十
游具十一
游具十二
游具十三

图 5-19　游具分布示意图

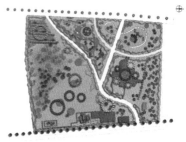

🍀 喷水游具

🍀 简约滑梯

🍀 趣味攀爬架

🍀 组合轮胎

🍀 大蚂蚁

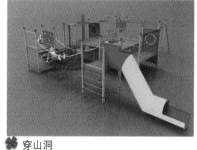

🍀 穿山洞

🍀 "漏斗式"座椅

🍀 传声筒

🟡 图 5-20　游具效果图

🟡 图 5-21　场地北立面图

（二）平面图

平面图也称俯视图，是表现平面形状的基本图形（图 5-23）。地形分析图、规划图中，比例尺、方位标志不可缺少，比例尺与指北方位是公园环境设计的依据。规划设计少不了尺寸，植物的配置、采光、向阳、背光等与方位有关，也都是设计中要考虑的因素，否则设计无法进行。

平面图表现内容较多，大致归纳如下。

（1）调查资料图（区域及邻近关系位置等的说明）。

（2）基本资料图（基地现状及特性等资料）。

（3）实地调查分析图（基地、坡度、周边景观等分析）。

（4）设计概念图（布局、功能等概念性内容）。

（5）规划设计图（整体规划设计图、分解深入图、局部详细图等）。

（6）设计分析图（功能区域分析图、车道步道分析图、人流分析图、视角分析图、植物配置图、公共设施分布图、景观节点分布图等）。

（7）施工图（土木、建筑、水电、景观设施、植物配置等）。

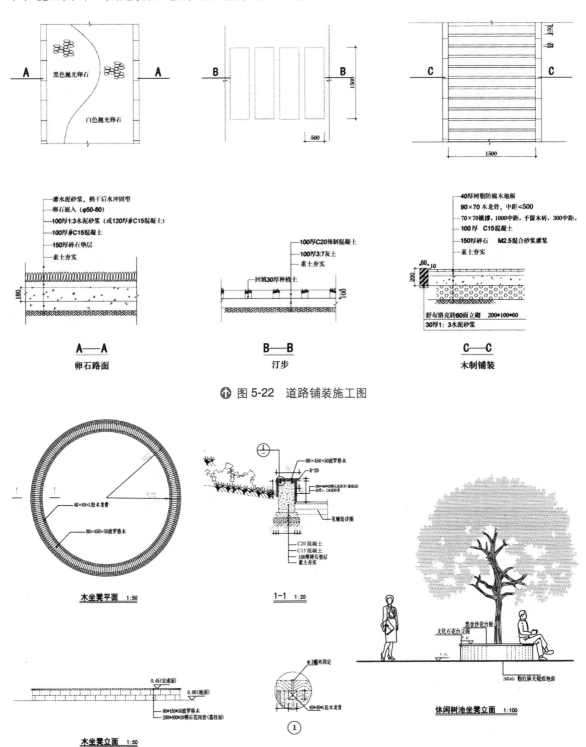

⊕ 图 5-22　道路铺装施工图

⊕ 图 5-23　休闲树池坐凳施工图

（三）立面图

对平面图无法表现的高度加以说明的图纸是立面图（图5-24和图5-25）。立面图是正投影显示出的实际长宽高的尺寸显像。一般是三视图中的正视图（正立面图）、左视图（左立面图）或右视图（右立面图），特殊情况下还用后视图（后立面图）表现。立面图的画法是在平面图上延伸画出它的实际高度。立面图一般有以下意义。

（1）表现物体的侧立面。

（2）表现地形房屋与户外关系。

（3）说明树木植物植被分布的高低关系。

（4）利用植物的装饰性说明植物与人的关系。

（5）说明上下层关系。

（6）分析说明立面的动势关系。

（7）说明不同界面的处理情形。

（8）说明各种看来相似平面图的立面关系。

● 图5-24　立面图可以表现地形房屋和户外关系

● 图5-25　立面图可以表现上下层的关系

（四）剖面图与剖立面图

剖面图一般指被切割后显现的断面图像，没被切割到的部分靠近切割线前一段依然能看到的则是立面图像，如果把剖面和立面在一个图形中完整地表现出来，那么这样的图形则称剖立面图（图5-26）。

（1）剖面图表示切割面所呈现的物象。

（2）剖立面图不仅表现切割线的剖面，也表示这条线后面的物象。

（3）剖面透视图（除表示切割线的剖面外，也将线后的景象以透视方式表现出来）。

● 图5-26　剖立面图不仅能剖面前的成像，也可表示剖面后的物象

剖面图运用较广，特别是表现内部构造或地下层面构造时常常使用，公园环境设计常用的剖面图大概有以下几种。

（1）分析用剖面图。

（2）设计用剖面图。

（3）施工用剖面图（图5-27）。

总平面图与立面效果图之间的关系对应表达如图5-28所示。

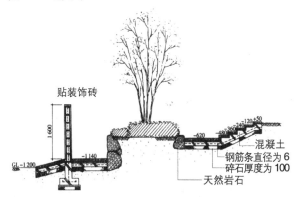

● 图5-27　施工图（单位：mm）

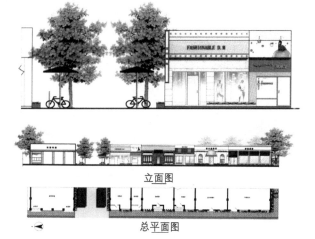

● 图5-28　总平面图与立面效果图之间的关系对应表达

（五）透视效果图

效果图用于表现设计方案所实现的三维空间的透视效果（图5-29～图5-33）。它可以表现环境空间的广度与深度以及空间、时间的关系，可以预测各种物体在可视空间中的丰富画面，如环境、形态、光影、反射、明暗调子、色彩等。设计透视效果图是直接观赏设计的最终预测效果，因此是方案设计中不可缺少的图形。

现在用计算机软件制作立体空间的设计方案越来越方便，用三维软件塑造立体空间画面如同拍摄的相片一样，非常直观。画面视角可以自由翻转，任意选择，设计者可以找到自己最满意的角度作为设计的最终效果图。为设计的预测效果带来了与真实很接近的画面，容易被大多数人接受和采纳。

手绘透视效果图一般常用一点透视和两点透视画法。

⬆ 图5-29 用 SketchUp 软件制作的效果图

⬆ 图5-30 用 AutoCAD 等软件制作的鸟瞰图

🔆 图 5-31　手绘铅笔淡彩平面图

🔆 图 5-32　马克笔绘制的效果图

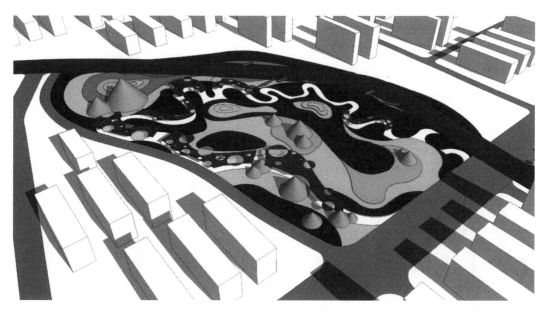

🔆 图 5-33　计算机制作的概念设计示意图,具有模型效果

二、方案册制作

　　设计方案册的制作是常用的方式（如图 5-34～图 5-36 所示）。一般方案册会体现一个设计公司的形象与品位,因此方案册的平面设计都有本公司的固定模式,特别是制图的图纸有各家的标准规格和公司名,设计方案代表了公司的设计水平,具有一定的责任性。

　　方案册的尺寸一般是 A3 大小（297mm×420mm）。图纸的编排顺序是：目录、设计说明、总规划图、材料一览表（植物景观材料）、设计分析（道路分析、景观视角分析、功能区域分析图）、节点效果图、公共设施分布图、施工图等。总之,原则上是相关图放在一起,总图在前,局部在后,平面图在前,剖立面图在后,施工图在全部方案的最后。

　　调查报告内容一般附在设计方案之后、施工图纸之前,起到设计方案的补充说明作用。但也有的放在开始位置,按设计流程的顺序编排。这两种方法都可以,只是阅读方案的前后顺序不同：一种是开门见山,先看设计结果后看设计依据与说明（设计方案—调查—分析）；另一种则是把设计的全过程进行阐述说明（调查—分析—设计方案）。

方案册的封面设计很重要,它体现了设计公司的形象和品位。封面设计有随设计内容变化的,也有始终保持一致风格的;有用几何形的色块文字作构成要素穿插而成的,也有利用方案中的效果图作封面的。总之,可根据不同需求,设计出不同品位的封面来。

方案册内容制作要注意主题突出、层次清楚,切忌多余的装饰和内容的反复出现,这样会干扰主题,造成喧宾夺主的状况。另外,还要注意构图布局的美观大方、图纸的统一性。

设计方案册的编排要从整体考虑,贯穿整体方案册的大、中、小标题字体一定要统一规格,不能随心所欲地变化,否则有杂乱之感。说明文字不可超大,像橱窗展示一样,在手读本中出现超大主体文字时就会产生膨胀感,让人阅读时感到不舒服,影响到设计方案的视觉美感。因此,编排的字体大小很关键,要以阅读书籍杂志的字体大小分布设计册,设计册的编排艺术会给设计方案带来锦上添花的效果。设计册的阅读程序清晰也会给设计方案增色,说明设计者设计思路清晰细致,会给阅读者带来好感。如果设计方案做得很好,而设计册编排得很粗糙,那么会直接影响到方案的落实。因此,搞环境设计应该对平面设计的编排方式有所了解和认知。

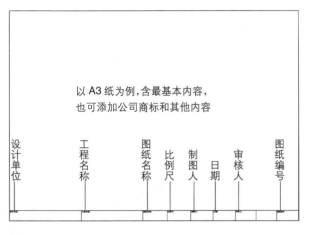

⊕ 图 5-34 图纸框设计的基本要求

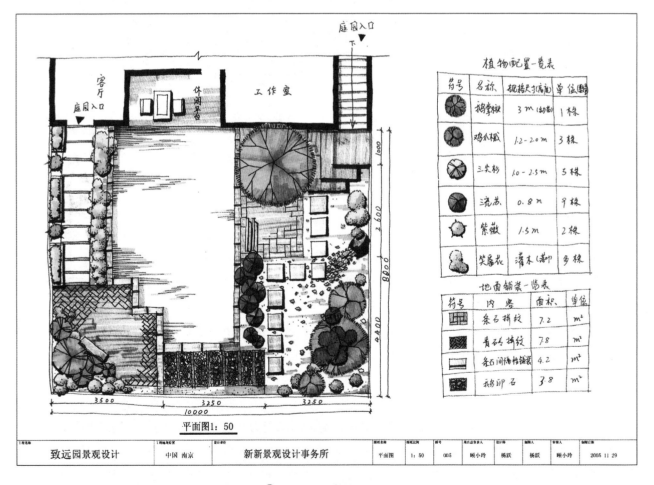

⊕ 图 5-35 庭园平面图

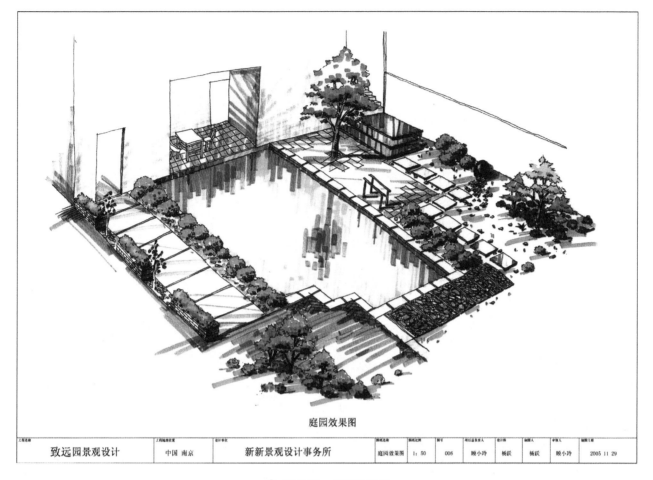

庭园效果图

工程名称	工程地理位置	设计单位	图纸名称	图纸比例	图号	项目总负责人	设计师	制图人	审核人	制图日期
致远园景观设计	中国 南京	新新景观设计事务所	庭园效果图	1：50	006	顾小玲	杨跃	杨跃	顾小玲	2005 11 29

✛ 图 5-36　庭园效果图

三、展板制作

用展板展示设计方案一般是公开设计方案或进行竞标时常用的表现方式。展板版面尺寸一般为 600mm×900mm 或 900mm×1200mm（如图 5-37 和图 5-38 所示），特殊尺寸则是根据展示墙面面积决定。展板设计布局与设计方案设计有所不同，是以平面设计特征为基础的版面设计。原则上是突出设计理念、设计思想、设计效果，因此展板设计必须从整体出发进行文字说明和图片的合理编排，突出主题，把设计前的调查资料作为设计依据，做出设计方案的各种分析。如分析图一般有调查分析图，包括地势分析、现状分析、周边环境分析等；设计规划分析，包括规划绿化布局分析、功能区域分析、景观视角分析、交通人流分析、灯光布局分析等；还要有整体规划设计、植物配置设计、公共设施配置、设计效果的预测以及景观节点图等。要尽可能地表现设计方案的独到之处与优势，体现保护自然生态环境，实现"以人为本"的设计理念应该是公园设计的核心原则。

展板的编排也要注意艺术性，不是平铺直叙，而是要讲究色彩、图形、文字之间的整体构成关系。文字与图形大小以及排版顺序应以通俗易懂为基准，需要统一展板中的大、中、小标题与字体，强调层次分明，否则会影响观看效果。展板的展示就是为了让读者清晰地了解设计意图和设计效果，所以与制作设计方案有所不同，需要选择方案的主要内容加以表示，不要把所有图纸都放置在展板上，这样显得零乱，影响展板的展示效果。展板的说明文字要简洁明了，内容要具体实用、合情合理，不要故弄玄虚。

⊕ 图 5-37　600mm×900mm 的展板案例

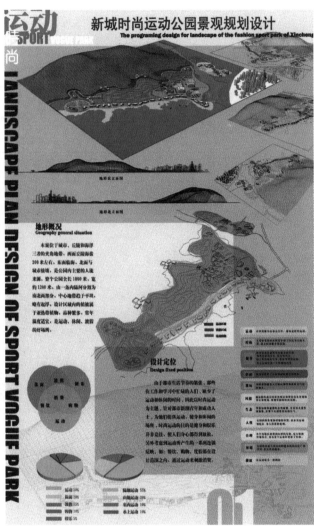

⊕ 图 5-38　900mm×1200mm 的展板案例

四、影视制作

用计算机制作设计方案的幻灯片（PPT）并放映，现在十分流行（如图 5-39 所示）。幻灯片的制作方法一般是把整体设计理念作为主体首先阐明，然后依照设计顺序分别讲解设计依据、设计想法，再穿插图与文，这样做的目的只有一个，突出设计方案的优势与精彩度，充分体现立体空间感，给观看者留下较深刻的整体印象，让人们通过观看幻灯片对设计效果有明确的认识。因此，幻灯片制作一般以图片、效果图为主，文字为辅，文字只是关键而简洁的内容。切忌文字堆积，那会给观看者带来视觉疲劳，引起烦躁感。

利用软件说明设计方案的还有动画漫游方式。目前动画漫游的观赏方式也深受大众欢迎，有让人深入其境之感。设计方案在三维软件中建模后，做成虚拟公园空间实景，用动画形式把逐步深入观赏公园环境的各个画面编成漫游动画，配上音乐后放映，这样可把观众带入设计好的虚拟公园中漫游，有直接进入三维空间的感触，效果比较好。但因场面大、制作内容多、花费时间长、技术要求高，对计算机内存、速度等都有很高的要求，因此一般设计不常用它。

 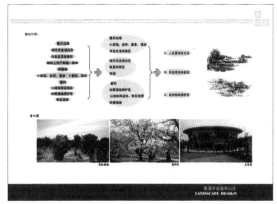

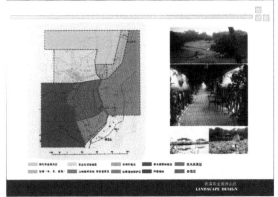 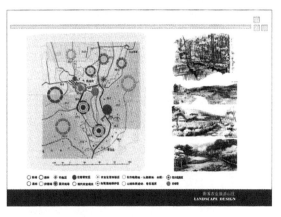

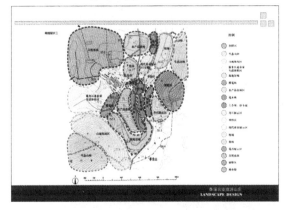 

图 5-39 幻灯片制作案例

五、模型制作

模型制作是设计方案整体形态的大致表现,是为了对设计方案进行直观说明(图 5-40～图 5-42)。模型沙盘的大小尺寸确定后,完全按平面图的比例尺寸对应制作。把平面图上的图形复制在沙盘底板上,根据平面图上的形状分别用不同材料逐步加盖,如小山坡就得按地纹的不同标高和形状逐步添加高度做出坡形来。做立体物体时,按相同比例分别做出单个模型后再放入沙盘内。

制作模型的材料有木材、纸板、金属板、PVC 板、ABS 板、泡沫聚乙烯板、三合板、塑料板、石膏、油泥、有机玻璃、海绵、干花、铜丝等。着色可用各种颜色的罐装喷漆,也可手绘。做肌理效果,可利用砂纸、小砂砾、草坪碎粒等,还有一些特殊的纸张也可利用。现在市场上也陆续出现各种可以用在模型上的成品和半成品的小道具,如小房子、小车、路灯、小人等。

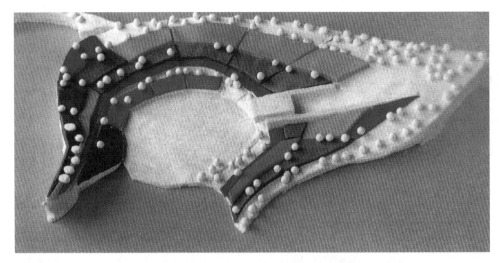

⊕ 图 5-40　用黏土制作的概念性规划模型,白泡沫小球代替树木

⊕ 图 5-41　用铁丝和海绵做树木的模型案例

⊕ 图 5-42　以木板为主做的景观规划模型

模型是体现设计方案的立体化和空间感的说明和表现,根据设计者设计的意图,可以用写实方式,也可以用概念表达方式。写实模型无论是色彩还是形状都与真实接近,容易看懂,比较直观,因此很受用户的欢迎。概念模型是以表达体块、形状、高低、空间大小为主的概念化表达方式,与写实相比,表达空间意图很明确,一般专业人士比较偏爱。但无论用什么方法,都是以深入表达设计方案为目的。因此可根据设计方案、内容以及观赏人群来决定用抽象的还是用写实的。

　　总之,风景园林设计方案的表现形式是多种多样的,设计者应该根据设计的不同要求以及设计条件,选择其中的表现方法,其目的只是为了更好地表现设计意图,让设计得以完美实现。

第六章
园林植物景观设计

第一节　园林植物景观设计
的原则

一、科学性原则

（一）尊重植物自身的生长习惯

各种园林植物的生长习性不尽相同,如果当地条件与其生长习性相悖,往往造成生长不良甚至死亡而难以形成预期景观。如在高楼林立的居住区内,住宅楼北面的背阴地面,常常不易绿化,需选用耐阴的乔木、灌木、藤本及草本来绿化。只有因地制宜地选择植物进行绿化才能有效地提高植物覆盖率,增强绿地的净化空气、消减噪声、改善小环境气候等多种功能（图6-1和图6-2）。

🔼 图6-1　水湿环境植物配置

🔼 图6-2　干旱环境植物配置

（二）注重景观建成的时空性

不同植物生长速度和生命周期不尽相同,注重植物多样性的同时,还应当注意植物是持续生长变化的,植物选择与配置应兼顾远、近期不同植物景观的要求。做到速生树种与慢生树种的合理配置,大、小规格苗木合理密植,保证植物良好生长的充足空间条件。统筹兼顾,以形成生机盎然的近期景观和远期稳定的群落景观。如上海、苏州等地,在20世纪90年代中后期采用乔木小规格密植的做法栽植大量樟树,满足了当时的绿化景观建成,如今又可作为其他绿地建设的苗圃资源,堪称科学绿化的妙笔。

二、功能性原则

实现功能性是营造绿化景观的首要原则,植物种植是为实现园林绿地的各种功能服务的。首先应明确设计的目的和功能,如侧重庇荫的绿地种植设计应选择树冠高大、枝叶茂密的树种;侧重观赏作用的种植设计中应选择色、香、姿、韵俱佳的植物;高速公路中央分隔带的种植设计,为达到防止眩光的目的,对植物的选择以及种植密度、修剪高度都有严格的要求;城市滨水区绿地种植设计要选择吸收和抗污染能力强的植物,保证水体及水景质量;在进行陵园种植设计时,为了营造庄严、肃穆的气氛,在植物配置时时常选择青松翠柏,并对称布置(图6-3和图6-4)。

⊕ 图6-3 鲜艳、明快的游乐园绿地

⊕ 图6-4 庄严、肃穆的陵园绿地

在绿地内进行乔、灌、草等多种植物复层结构的群落式种植,是在园林内实现植物多样性和生态效益最大化、最为有效的途径和措施。但如果绿地全被植物群落占据,不仅园林的景观由于空间缺乏变化而显得过于单调,而且园林绿地的许多功能如文化娱乐、大型集体活动等也难以实现。因此,城市园林绿地内的植物种植,应从充分发挥园林绿地的综合功能和效益出发,进行科学的统筹设计,合理安排,使绿化种植呈现出宜密则密、当疏则疏、疏密有致、开合对比、富于变化的合理布局,实现园林绿地多种多样的功能(图6-5)。

⊕ 图6-5 疏密有致的空间

三、艺术性原则

植物景观是运用艺术手段产生美的植物组合,不仅要注意植物种植的科学性、功能布局的合理性,还必须讲究植物配置的艺术性,布局合理,疏密有致。使植物与城市园林的各种建筑、道桥、山石、小品之间以及各种花草树木之间,在色彩、形态、质感、光影、明暗、体量、尺度等方面,营造出充分展现园林植物的形、色、质、韵等个性美和群体形式美等的现代园林空间(图6-6)。

⊕ 图6-6 色彩、体量、形体组合的群体美

四、安全性原则

安全性是人性化设计的第一要素。植物景观安全性首先是选择的植物自身不应有危害性。如儿童游乐区及人流集中区域不宜种植带刺、有毒、飘絮、浆果的植物，阻隔空间用的植物应选择不宜接近的植物，而供观赏的植物则不能对人体及环境有危害。其次植物自身还可起到将人们的活动控制在安全区域内的作用，如居住区建筑物、水体、假山或其他有危险性的区域周围可以密植绿篱植物加以阻隔或警示。植物与植物之间、植物与建筑物之间不同的尺度关系可以营造不同的心理环境空间，植物配置应根据实际需要选择不同的尺度，营建出不同开敞度的植物空间，满足人们不同程度心理安全的需要。

五、整体性原则

植物景观设计要与其他园林绿地要素结合起来，以达到景象的统一、人与自然的和谐。植物种植与地形的统一可以通过合理选择、配置植物来增强或减弱地形的起伏变化，柔化或锐化坡度轮廓线条等。与水体的统一体现在：如用松、枫及藤蔓植物突显山崖飞瀑的湍急，竹、桃、柳等衬托溪谷幽美情致，耐水湿常绿树木作水岸透景绿屏，缀边花草结合湖石美化岸线等；植物与园路的结合是将园路融入植物景观，常采用林中穿路、竹中取道、花中求径等顺应自然的处理方法，使得园路变化有致（图6-7）。

⊕ 图6-7 林中汀步

六、经济性原则

经济性原则是指以适当的经济投入，在设计、施工和养护管理等环节上开源节流，从而获得绿化景观、经济和社会效益最大化。主要途径有：合理地选择乡土树种和合适规格的树种，降低造价；审慎安排植物的种间关系，避免植物生长不良导致意外返工；妥善结合生产，注重改善环境质量的植物配置方式，达到美学、生产和净化防护功能的统一；适当选用有食用、药用价值等经济植物与旅游活动相结合。同时要考虑绿地建成以后的养护成本问题，尽量使用和配置便于栽培管理的植物。

第二节　园林植物的种植类型

园林植物造景按其类型可分为规则式、自然式、混合式、图案式（图6-8～图6-11）。规则式配置多以轴线对称、成行成列种植为主，有强烈的人工感、规整感；自然式配置以模仿自然、强调变化为主，具有活泼、愉快、幽雅的自然情调。

规则式园林景观设计中的植物配置多数是对植、行植、几何中心植、几何图案植等；自然式园林景观设计中则采用不对称的自然式配置，充分发挥植物材料原有的自然姿态。

⊕ 图6-8 规则式

🔹 图 6-9　自然式

🔹 图 6-10　混合式

🔹 图 6-11　图案式

混合式为规则式与自然式的融合。图案式则以图案的形式进行植物的布局。

根据总体布置和局部环境的要求，应采用不同形式的种植形式。如一般在大门、主要道路、几何形广场、大型建筑附近多采用规则式种植，而在自然山水、草坪及不对称的小型建筑物附近往往采用自然式种植。

在园林景观设计中，乔灌木的种植设计应用越来越广泛。因此，只有充分考虑场地的性质与要求和当地环境的辩证关系，灵活地与当地的地形、地貌、土壤、水体、建筑、道路、广场、地面上下管网相互配合，并与其他草本植物和草坪、花卉等互相衬托，才能充分发挥园林景观绿化最大的效果。

第三节　园林植物景观的设计方法

一、创造景点

在园林景观构图中，主要观赏面可能更多的是树木和花草。植物是构图的关键，以植物为主的景点，起到补充和加强山水气韵的作用（图 6-12）。不同的园林植物形态各异，变化万千，可孤植以展示个体之美；同时也可以按照一定的构图方式配置，表现植物的群体美；还可根据各自生态习性，合理安排，巧妙搭配，营造出乔、灌、草结合的群落景观，从而成为一个重要的植物景观点。

🔹 图 6-12　芦苇形成的独特植物景观

就乔木而言，银杏、毛白杨树干通直，气势轩昂；油松曲虬苍劲；铅笔柏则亭亭玉立。这些树木孤立栽植，即可构成园林主景。而秋季变色叶树种如枫香、乌桕、黄栌、火炬树、重阳木等大片种植，可形成"霜叶红于二月花"的景点（图 6-13）。观果树种如海棠、柿子、山楂、沙棘、石榴等的累累硕果则呈现一派丰收的景象和秋的气息。

⊕ 图6-13 香山红叶一角

色彩缤纷的草本花卉更是创造观赏景点的极佳材料，既可露地栽植，又能用盆栽组成花坛、花带，或采用各种形式的种植钵来点缀城市环境，如街头、广场、公园到处都能看到用大色块的花卉材料创造的景观，烘托喜庆气氛，装点人们的生活。花境应用也很普遍，一个好的花境设计往往能够一年四季鲜花盛开，富有变化。

不同的植物材料具有不同的意韵特色，棕榈、大王椰子、槟榔营造的是热带风光；雪松、悬铃木与大片的草坪形成的疏林草地展现的是现代风格和欧陆情调；而竹径通幽，梅影疏斜表现的是我国传统园林的清雅隽永；成片的榕树则形成南方的特色。

许多园林植物芳香宜人，能使人产生愉悦的感受。如桂花、蜡梅、丁香、茉莉、栀子、兰、月季、晚香玉、玉簪等有香味的园林植物非常多，在园林景观设计中可以利用各种香花植物进行配置，营造"芳香园"景观，也可单独种植成专类园。芳香园、月季园可配置于人们经常活动的场所，如在盛夏夜晚纳凉场所附近种植茉莉和晚香玉，微风送香，沁人心脾。专类园植物景观具有更强烈的视觉冲击效果，容易给人留下深刻的印象。

中国现代公园规划常沿袭古典园林中的传统方法，创造植物主题景点。如北京紫竹院公园的植物景点有竹院春早、绿茵细浪、曲院秋深、艺苑、新篁初绽、饮紫榭、风荷夏晚、紫竹院等。上海长风公园的植物景观有荷花池、百花亭、百花洲、木香亭、睡莲池、青枫绿屿、松竹梅园等。但作为主景的植物景观要相对稳定，不能偏枯偏荣，才能有较好的植物景点效果。

利用植物材料创造一定的视线条件可增强空间感、提高视觉和空间序列质量。安排视线有引导与遮挡两种情况（图6-14）。视线的引导与阻挡实际上又可看作景物的藏与露。根据视线被挡的程度和方式，可分为障景、漏景和部分遮挡及框景几种情况。

⊕ 图6-14 视线遮挡与引导

（一）障景

障景控制和安排视线挡住不佳或暂时不希望被看到的景物内容。为了完全封闭住视线，应使用枝叶稠密的灌木和乔木分层遮挡形成屏障，控制人们的视线，所谓"嘉则收之，俗则屏之"。障景的效果依景观的要求而定，若使用不通透植物，能完全屏障视线通过，而使用不同程度的通透植物，则能达到漏景的效果。用植物障景必须首先分析观赏位置、被障物的高度、观赏者与被障物的距离以及地形等因素（图6-15）。此外，还需要考虑季节的变换。在各个变化的季节中，常绿植物能达到这种永久性屏障作用。

障景手法在传统与现代园林中均常见应用，如用于园林入口自成一景，位于园林景观的序幕，增加园林空间层次，将园中佳景加以隐障，达到柳暗花明的艺术效果。如北京颐和园用皇帝朝政院落及其后一环假山、树林作为障景，自侧方沿曲路前进，一过牡丹台便豁然开朗，湖山在望，对比效果强烈。

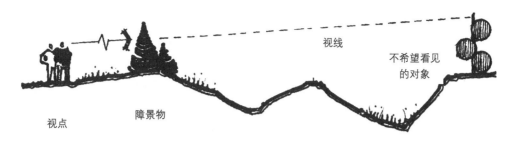

❶ 图 6-15 利用植物进行障景

（二）漏景

稀疏的枝叶、较密的枝干能形成面，但遮蔽不严，出现景观的渗透，视线穿越植物的枝叶间或枝干，使其后的景物隐约可见，这种相对均匀的遮挡产生的漏景若处理得当便能产生一定的神秘感，产生跨越空间和由枝叶而产生的扑朔迷离的、别致的审美体验，丰富景观层次（图6-16）。因此，漏景可组织到整体的空间构图或序列中去。

❶ 图 6-16 乔木树干形成的漏景

（三）部分遮挡及框景

部分遮挡的手法最丰富，可以用来挡住不佳部分露出较佳部分，或增加景观层次。若将园外的景物用植物遮挡加以取舍后借景到园内则可扩大视域；若使用树干或两组树群形成框景景观，能有效地将人们的视线吸引到较优美的景色上，可获得较佳的构图。框景宜用于静态观赏，但应安排好观赏视距，使框与景有较适合的关系，只有这样才能获得好的构图，突出强化景物的美感和层次（图6-17）。另外，也可以通过引导视线、开辟透景线、加强焦点作用来安排对景和借景（图6-18）。总之，若将视线的收与放、引与挡合理地安排到空间构图中，就能创造出有一定艺术感染力的空间序列。

❶ 图 6-17 框景图　　　　　　　❶ 图 6-18 植物组成的透景线

（四）隔景

隔景是用以分割园林空间或景区的景物。植物材料可以形成实隔、虚隔。密林实隔使游人视线基本不能从一个空间透入另一个空间。疏林形成的虚隔使游人视线可以从一个空间透入另一个空间。

（五）私密性控制

私密性控制就是利用阻挡人们视线高度的植物，对明确的所限区域进行围合。私密控制的目的，就是将空间与其环境隔离。私密控制与障景两者间的区别，在于前者围合并分割一个独立的空间从而封闭了所有出入空间的视线；而障景则是植物屏障，有选择地屏障视线。私密空间杜绝任何在封闭空间内的自由穿行，而障景则允许在植物屏障内自由穿行。在进行私密场所或居民住宅设计时，往往要考虑到私密性控制。由于植物具有屏蔽视线的作用，因而齐胸高的植物能提供部分私密性，高于眼睛视线的植物则提供较完全的私密性效果。私密性控制常用在别墅及别墅花园的绿化设计中（图6-19）。

⬆ 图6-19　高篱营造私密性空间

（六）夹景

植物成行排列种植，遮蔽两侧，创造出透视空间，形成夹景，给人以景观深邃的透视感觉（图6-20）。

总之，通过设计元素植物的建造功能和植物基本配置方法，可以产生不同的空间，从而达到设计的空间使用目的。

⬆ 图6-20　夹景

二、背景衬托

园林景观设计中非常注意背景色的搭配。中国古典园林中常有"藉以粉壁为纸，以石为绘也"的例子，即为强调背景的优秀例子。任何色彩植物的运用必须与其背景景象取得色彩和体量上的协调。现代绿地中经常用一些攀缘植物爬满黑色的墙或栏杆，以求得绿色背景，前后相应，衬托各种鲜艳的花草树木等，整个景观鲜明、突出，轮廓清晰，展现良好的艺术效果。一般地，绿色背景的前景用红色或橙红色、紫红色花草树木；明亮鲜艳的花坛或花境搭配白色的雕塑或小品设施，给人以清爽之感（图6-21）。以圆柏常绿为主色调，配以灰、白色，会呈现出清新、古朴、典雅的气息和韵致。绿色背景一般采用枝叶繁茂、叶色浓密的常绿观叶植物为背景，效果更明显；绿色背景前适宜配置白色的雕塑小品以及明色的花坛、花带和花境用对比色配色，应注意明度差与面积大小的比例关系，如远山、蓝天以及由各种彩色叶植物组成的花墙等。背景与前景搭配良莠，不仅体现在一段时间范围内，还应注意植物的四季色彩变化特征。

植物的枝叶、林冠线呈现柔和的曲线和自然质感，是自然界中的特有质感，可以利用植物的这种特质来衬托、软化人工硬质材料构成的规则式建筑形体，特别是在园林建筑设计时，在体量和空间上，应该考虑到与植物的综合构图关系。一般体型较大、立面庄严、视线开阔的建筑物附近，宜选干高枝粗、树冠开展的树种；在结构细致、玲珑、精美的建筑物四周，要选栽一些枝态轻盈、叶小而致密的树种。现代园林中的雕塑、喷泉、建筑小品等也常用植物材料作装饰，或用绿篱作背景，通过色彩的对比和空间的围合来加强人们对景点的印象，同时突出各种材料的质感，产生烘托效果（图6-22）。园林植物与山石相配，能表现出地势起伏、野趣横生的自然景色；植物与水体相配则能形成倒影或遮蔽水源，造成深远的感觉，可以更加突出各种材料的质感。

🛈 图 6-21　植物映衬假山

🛈 图 6-22　植物衬托置石

植物材料常用的烘托方式有几种典型情况。①纪念性场所：如墓地、陵园等，用常绿树、规则式的配置方式来烘托庄严气氛；②大型标志性建筑物：

常以草坪、灌木等烘托建筑物的雄伟壮观，同时作为建筑与地面的过渡方式；③雕塑：多以绿篱、树丛、草地作背景，既有对比，又有烘托，常使用色彩的对比方法来表现，如不锈钢或其他浅色质感的雕塑，用常绿树或其他深色树或篱作背景或框景，通过色彩对比来强调某一特定的空间，加强人们对这一景点的印象。所以绿地常作为雕塑的展出场地，让作品与自然对话、融合、互相衬托（图6-23）；④小品：多用绿色植物作背景或置于草地或绿篱中，衬托出小品的外形和质感。

🛈 图 6-23　植物衬托雕塑

三、装饰点缀

绿化装饰是指将千姿百态的观花、观叶、观果等观赏植物按照美学的原理，在一定的环境中进行装饰，表现自然美的造型艺术，起到烘托和美化空间、改善环境质量、提高生活品位的作用。

我国传统园林艺术中的植物造景主要是烘托陪衬建筑物或点缀庭院空间，园林中许多景点的形成都与花木有直接或间接的联系。圆明园中有杏花春馆、柳浪闻莺、碧桐书屋、汇芳书院、菱荷香、万花阵等景点。承德避暑山庄中有万壑松风、松鹤清樾、青枫绿屿、金莲映日、梨花伴月、曲水荷香等景点。苏州古典园林中的拙政园，有枇杷园（金果园）、海棠春坞、听雨轩、远香堂、玉兰堂、柳荫路曲、梧竹幽居等，以枇杷、荷花、玉兰、海棠、柳树、竹子、梧桐等植物为素材，创造植物景观。又如"香雪海""万竹引清风""秋风动桂枝"、万松岭、樱桃沟、桃花溪、海棠坞、梅影坡、芙蓉石等都是以花木作为景点的主题而命名。并且,春夏秋冬等时令交接,阴雪雨晴等气候变化都会改变植物的生长,改变景观空间意境,并深深影响人的审美感受。利用植物材料,可以创造富有生命活力的园林景点。也有以植物命名的建筑物,如藕香榭、玉兰堂、万菊亭、十八曼陀罗馆等,建筑物是固定不变的,而植物是随季节、年代变化的,这就加强了园林景物中静与动的对比。充分反映出中国古代"以诗情画意写入园林"的特色。在漫长的园林建设史中,形成了中国园林植物配置的程式,如栽梅绕屋、堤弯宜柳、槐荫当庭、移竹当窗、悬葛垂萝等,都反映出中国园林植物配置的特有风格。

此外,现代室内绿化装饰点缀的常见形式有盆栽、盆景、组合盆栽、地栽、花艺插花等,应根据环境的空间大小、使用功能等选择适当的装饰形式。

四、空间塑造

植物以其特有的点、线、面、体形式以及个体和群体组合,形成有生命活力的复杂流动性的空间,这种空间具强烈的可赏性,同时这些空间形式给人不同的感觉,或安全,或平静,或兴奋,这正是人们利用植物形成空间的目的。植物在室内外环境的总体布局和室外空间的形成中起着非常重要的作用,它能构成一个室内外环境的空间围合物(图6-24)。

围 合　　　　　　　　　　界 面　　　　　　　　　　通 道

图6-24　植物塑造空间

在运用植物材料构成室外空间时,与利用其他设计因素一样,应首先明确设计目的和空间性质(开敞、半开敞、封闭等),然后才能相应地选取和组织设计所要求的植物素材。

(一)开敞空间

园林植物形成的开敞空间是指在一定的区域范围内,人的视线高于四周景物的植物空间,一般用低矮的灌木、地被植物、草本花卉、草坪等可以形成开敞空间(图6-25)。开敞空间在开放式公园绿地中较为多见,如草坪、开阔的水面等。这种空间向四周开敞、无隐秘性、视野辽阔、视线通透,容易让人心情舒畅、心胸开阔,产生轻松自由的满足感。

(二)半开敞空间

半开敞空间是指在一定区域范围内,四周不全开敞,有部分视角用植物遮挡了人们的视线(图6-26)。一般来说,从一个开敞空间到封闭空间的过渡就是半开敞空间。它可以借助于山石、小品、地形等园林要素与植物材料共同围合而成。这种空间与开敞空间有相似的特性,不过开敞程度较小,其方向性指向封闭较差的开敞面。如从公园的入口处进入另一个区域时,采用"障景"的手法,用植物、小品来阻挡人们的视线,待人们绕过障景物,就会感到豁然开朗。

⬆ 图 6-25　草坪开敞空间

⬆ 图 6-26　半开敞空间

(三)覆盖空间

利用具有浓密树冠的遮阴树,能构成一个顶部覆盖,而四周开敞的空间。一般来说,该空间为夹在树冠和地面之间的宽阔空间,人们能穿行或站立于树干之中。从建筑学角度来看,犹如我们站在四周开敞的建筑物底层中或有开敞面的车库内。由于光线只能从树冠的枝叶空隙以及侧面渗入,因此,在夏季显得阴暗,而冬季落叶后显得明亮宽敞。此外,攀缘植物攀爬在花架、拱门、凉廊等上边,也能够形成有效的覆盖空间。

另一种类似于此种空间的是"隧道式"(绿色走廊)空间,是由道路两旁的行道树交冠遮阴形成(图6-27)。这种布置增强了道路直线前进的运动感,使人们的注意力集中在前方。

念碑,就会产生庄严、肃穆的崇敬感。

🔁 图 6-28 封闭空间

🔁 图 6-27 覆盖空间

(四)封闭空间

封闭空间指人所在的区域内,四周用植物材料封闭,这时人的视线受到制约,近景的感染力增强(图6-28)。这种空间常见于密林中,它较为黑暗,无方向性,具有极强的隐秘性和隔离感。在一般的绿地中,这样的小尺度空间私密性较强,适宜于年轻人私语或人们安静地休息。

(五)垂直空间

运用植物封闭的垂直面及开敞的顶平面就可以形成垂直空间。分枝点较低、树冠紧凑的圆锥形、尖塔形乔木及修剪整齐的高大树篱是形成垂直空间的良好素材(图6-29)。由于垂直空间两侧几乎完全封闭,视线的上部和前方较开敞,极易形成"夹景"效果,来突出轴线顶端的景观。如在纪念性园林中,园路两边栽植圆柏类植物,人在垂直空间中走向纪

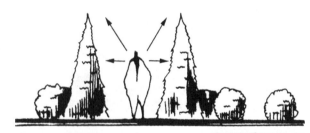

🔁 图 6-29 垂直空间

第四节　园林植物造型景观设计

所谓植物造型是指通过人工修剪、整形,或者利用特殊容器、栽植设备创造出非自然的植物艺术形

式。植物造型更多的是强调人的作用,有着明显的人工痕迹,常见的植物造型包括:绿篱、绿雕、花坛、花境、花台、花池、花箱和花钵等类型。由于其造型奇特、灵活多样,植物造型景观在现代园林中的使用越来越广泛。

一、绿篱

绿篱(hedge)又称为植篱或生篱,是用乔木或灌木密植成行而形成的篱垣。绿篱的使用广泛而悠久,比如我国古人就有"以篱代墙"的做法,战国时屈原在《招魂》中就有"兰薄户树,琼木篱些",其意是门前兰花种成丛,四周围着玉树篱。《诗经》中亦有"摘柳樊圃"诗句,意思是折取柳枝作园圃的篱笆;欧洲几何式园林也大量地使用绿篱构成图案或者进行空间的分割……现代景观设计中,由于材料的丰富,养护技术的提高,绿篱被赋予了新的形态和功能。

(一)绿篱的分类

(1)按照外观形态及后期养护管理方式绿篱分为规则式(图6-30)和自然式(图6-31)两种。前者外形整齐,需要定期进行整形修剪,以保持体形外貌;后者形态自然随性,一般只施加少量的调节生长势的修剪即可。

✤ 图6-30　规则式绿篱

✤ 图6-31　自然式绿篱

(2)按照高度绿篱可以分为矮篱、中篱、高篱、绿墙等几种类型,如图6-32所示。

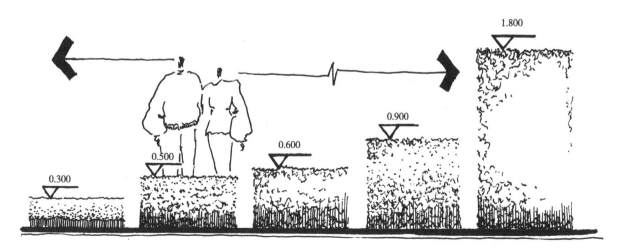

✤ 图6-32　按照高度划分的绿篱类型

此外,现在绿篱的植物材料也越来越丰富,除了传统的常绿植物,如桧柏、侧柏等,还出现了由花灌木组成的花篱,由色叶植物组成的色叶篱,比如北方河流或者郊区道路两旁栽植由火炬树组成的彩叶篱,秋季红叶片片,分外鲜亮。

（二）绿篱的功能

（1）构筑空间。相当于建筑的墙体,一方面成为建筑空间的延伸,并且可以随意地在上面开门窗（图6-33）,另外也可以利用绿篱构筑和分隔户外空间（图6-34）。

⊕ 图6-33　绿篱相当于景观中的"墙"构件

⊕ 图6-34　绿篱可以构筑和分隔户外空间

（2）引导视线。构筑视觉通廊,通常需要在其尽端设置对景（图6-35）,构成视觉焦点。

（3）构成景观背景。绿篱,尤其是绿色系植物组成的绿篱,可以作为雕塑、喷泉、建筑等的背景。

（4）构成图案或者文字。如图6-36所示,法国

凡尔赛宫苑中的由绿篱构成的精美图案,这种景观在法国、意大利等西方古典园林中较为常见,而在现代城市中往往利用绿篱形成流畅动感的模纹,或者具有代表性的符号和文字等,相对于传统园林,现代园林在这一方面的应用更为直观和简洁。

⊕ 图6-35　绿篱构筑的视觉通廊

⊕ 图6-36　凡尔赛宫苑中由绿篱形成的精美图案

（5）形成特色景园。比较常见的是迷园和结纹园,如图6-37是世界著名植物迷园朗利特迷宫（Longleat's Maze）,由16000棵漂亮的紫杉树组成,它位于英国,面积1.48英亩,有着接近2英里的通道。迷宫里的木桥给它增加了与众不同的新特性,

它是一个三维的迷宫。

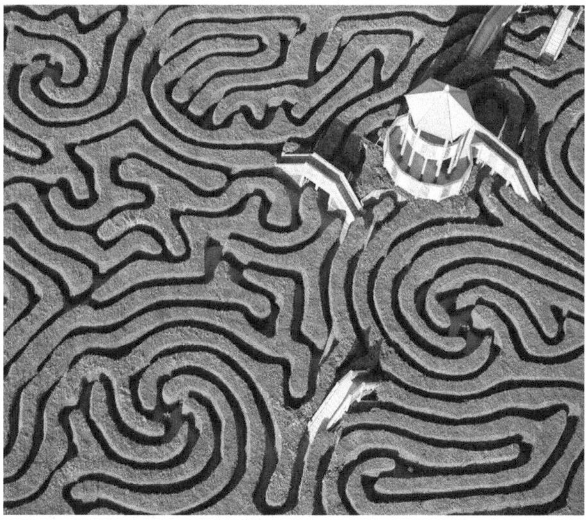

图 6-37 世界著名迷园——朗利特迷宫

除以上景观方面的功能外，还有科学家研究表明，经过修剪的绿篱有降低犯罪率的作用，因为经过整形的植物可以使人冷静下来。

（三）绿篱设计的注意事项

1. 植物材料的选择

绿篱植物的选择应该符合以下条件：①在密植情况下可正常生长；②枝叶茂密，叶小而具有光泽；③萌芽力强、愈伤力强，耐修剪；④整体生长不是特别旺盛，以减少修剪的次数；⑤耐阴力强；⑥病虫害少；⑦繁殖简单方便，有充足的苗源。

2. 绿篱种类的选择

应该根据景观的风格（规则式还是自然式）、空间类型（全封闭空间、半封闭空间、开敞空间）来选择适宜的绿篱类型。另外，应该注意植物色彩，尤其是季相色彩的变化应与周围环境协调，绿篱如果作为背景，宜选择常绿、深色调的植物，而如果作为前景或主景，可选择花色、叶色鲜艳、季相变化明显的植物。

3. 绿篱形式的确定

被修剪成长方体的绿篱固然整齐，但也会显得过于单调，所以不妨换一个造型，比如可以设计成波浪形、锯齿形、城墙形等，或者将直线形栽植的绿篱变成“虚线”段，这些改变会使得景观环境规整又不失灵动。

二、绿雕

（一）绿雕及其种类

绿雕（plant sculptures）是以植物为原材料，利用修剪、缠绕、牵引、编织等园艺整枝修剪技术或是特殊的栽种方式创造的雕塑艺术作品。绿雕的作用等同于雕塑——可以成为景观主体，表达一定的景观内涵，而不同之处在于其使用的材料并非金属、石材、陶土等，而是有生命的植物，因此绿雕是“活”的，是有生命的，它是自然与科技的完美结合，是生命艺术最直接的体现。

按照制作方法，绿雕主要有以下四种。

（1）修剪式。它源自古罗马，在欧洲古典园林中比较常见，一般选择枝叶细小、密集，并且耐修剪的常绿植物，如桧柏、小叶黄杨、大叶黄杨、珊瑚树、冬青、桃金娘、月桂树、女贞等，将单株树木修剪成各种立体造型。如图 6-38 所示的几何形体（球、圆锥、圆柱等）、动物、人物等，这种形式又被称为树雕（tree sculpture）。树雕不仅可以单独成景，还可以多个或者多组构成专类园，如比利时的杜迩皮树雕公园（Durbuy tree sculpture park），公园位于“世界最小的城市”杜迩皮（Durbuy）市中心，占地约 10000m^2，是园艺家阿尔贝·那威（Albert）于 1977 年创建的，园中共有 250 多个栩栩如生的人物、动物及器皿树雕造型。

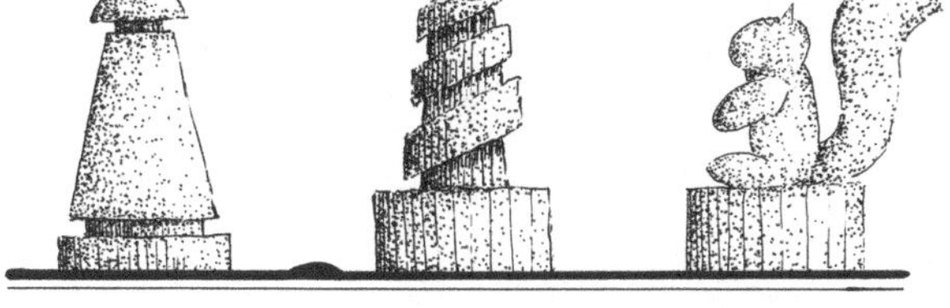

图 6-38 树雕

（2）塑形式。对树木的枝条进行编织、牵引、固定，形成特殊造型，类似中国的盆景造型艺术手法，如图 6-39 是澳大利亚艺术家彼得·库克创造的"人形树"。

⊕ 图 6-39　彼得·库克创造的"人形树"

（3）绑扎式。利用枝条、藤条绑扎而成的艺术作品，如图 6-40 是著名雕塑家 Patrick Dougherty 设计的作品，名为《野性的呼唤》（*Call of The Wild*，2002 年 6 月），位于华盛顿塔科马港市玻璃博物馆，使用柳条、藤条、山茱萸和樱木制作而成。雕塑主要反映了人与自然之间的关系。

⊕ 图 6-40　由植物枝条形成绿雕作品

（4）框架结构式。根据景观主题设计绿雕的外观形态，利用金属、竹木等材料构筑框架，然后在构架上填充栽培土，其上种植一年生或多年生草本植物，如图 6-41 所示。与其他几种类型相比，框架结构式绿雕具有成型快速、造型丰富等特点，因此在现代城市绿化中较为常见。这种类型往往以植株细小、耐修剪的多年生观叶观花植物为主，比如金边过路黄、半柱花、矮麦冬、四季海棠、孔雀草、金叶反曲景天等。

⊕ 图 6-41　框架结构式绿雕

（二）绿雕设计的注意事项

创造绿雕作品时需要注意以下几点。

（1）绿雕比较"西方"或者现代，所以更多地应用于现代城市绿地、特殊展园中，而中国传统园林中比较少见。

（2）为了方便观赏，绿雕前应该设置足够的观赏空间，并且配以适宜的灯光照明，保证夜间观赏的需要。

（3）绿雕作品应注意色彩搭配，特别是背景色，绿雕最好以非绿色建筑或蓝天为背景，也可以与色彩鲜艳的花卉景观搭配，形成色彩上的对比。

（4）绿雕的作用与一般的雕塑作品相同，往往作为主体景观，表达一定的思想内涵，突出某一主题，因此绿雕作品的主题一定要与所处空间的属性、类型相一致。

（5）绿雕作品所使用的材料是植物，除了建设期间的精细施工，此后的养护管理，如水分、病虫害防治、修剪等，也非常重要，这在设计时应加以考虑。

（6）绿雕作品可以利用植物本身的季相变化呈现不同的景观效果，但在冬季万物凋零的时候，有些作品也会失去原有的观赏价值，这一点在绿雕设计中应该注意。

三、花坛

花坛（flower bed）是按照景观设计意图，在一定范围的畦地上按照设计图案栽植观赏植物，以表现花卉群体美的植物造景方式。

（一）花坛的分类及其特点

按照所使用的植物材料花坛分为一两年生草花花坛，球根花卉花坛，水生花卉花坛以及各种专类花坛（如菊花、百合等）。也可以按照观赏季节分为春季花坛、夏季花坛、秋季花坛和冬季花坛，即利用不同观赏季节的植物进行配置，突出表现某一季节的景观效果。

另外，如果按照造型特点分类，花坛可以分为平面花坛和立体花坛两种。平面花坛是利用不同的花卉材料组成图案和文字等，按构图形式又可分为规则式、自然式和混合式三种，如图6-42中蜿蜒曲折的花溪就属于自然式的平面花坛。大型的平面花坛常用于公园入口、主要道路两侧、广场等位置，小型的花坛常用于小庭院、天井中。为了增强效果、方便游人观赏，平面花坛常设置在斜坡（图6-43）或者阶梯形的隔架之上，或者结合沉床园设计。

🔼 图 6-42　平面花坛——花溪效果

🔼 图 6-43　借助倾斜表面展示花卉模纹

（二）花坛材料的选择

花坛用草花宜选择株形整齐、多花美观、花色鲜亮、开花齐整、花期长、耐干燥、抗病虫害的矮生品种。除此之外，模纹花坛还应选择生长缓慢、分枝紧密、叶子细小、耐移植、耐修剪的植物材料，如果是观花植物要选择花小而繁、观赏价值高的种类。立体花坛的植物材料以小型草本花卉为主，辅助以小型的灌木与观赏草等。

常用的花卉材料有金鱼草、雏菊、金盏菊、翠菊、鸡冠花、石竹、矮牵牛、串儿红、万寿菊、三色堇、百日草、萱草、金娃娃萱草、大丽花、美女樱、美人蕉、鸢尾、半柱花类、银香菊、金叶过路黄、金叶景天、黄草等。常用的观叶植物：虾钳菜、红叶苋、半枝莲、香雪球、矮藿香蓟、彩叶草、石莲花、五色草、松叶菊、景天、蕹草等，观赏草类可用芒草、细茎针茅、细叶苔草、蓝苔草等。

（三）花坛的设计方法及注意事项

首先分析园景主题、位置、形式、色彩组合等因素，在此基础上，明确花坛的功能、风格、规格、体量，然后确定花坛的平面构图和色彩搭配，将花坛图案按1：20～1：100的比例绘制在图纸上，并详细标注花卉种类或品种、株数、高度、栽植距离等，最后附实施的说明书，如图6-44所示，有时还需要在平面图的基础上绘制花坛的立面图、剖面图或者断面图，以便使施工人员能够更好地了解花坛的形态。

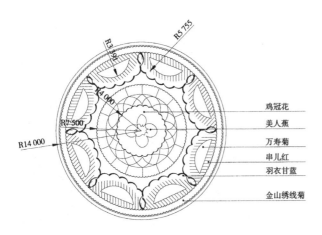

鸡冠花
美人蕉
万寿菊
串儿红
羽衣甘蓝
金山绣线菊

图 6-44 花坛设计平面图示例

好的花坛设计必须考虑到多个季节的观赏，做出在不同季节中花卉种类的换植计划以及图案的变化。花坛的布局与设计应随地形、环境的变化而异，需要采用不同的色彩及图案。在花坛设计过程中，应注意以下几点。

1. 花坛的位置和形式

花坛一般设置在主要交叉道口、道路两侧、公园主要出入口、主要建筑物前等视觉焦点处。花坛的外形及种类应与四周环境相协调，在公园或者建筑物的主要出入口位置花坛应规则整齐、精致华丽，多采用模纹花坛；在主要交叉路口或广场上应以鲜艳的花丛花坛为主，作为醒目的标志；纪念空间、医院的花坛色彩应素淡，形成严肃、安宁、沉静的氛围。花坛的外形还应与场地形状相协调，如长方形的广场设置长方形花坛就比较协调；圆形的中心广场以圆形花坛为宜；三条道路交叉口的花坛设置为三角形或圆形均可。此外，花坛的面积和所处地域面积的比例关系，一般不大于 1/3，也不小于 1/15。

2. 高度配合

花坛中的内侧植物要略高于外侧，由内而外，自然、平滑过渡，若高度相差较大，可以采用垫板或垫盆的方法来弥补，使整个花坛表面线条流畅。

3. 花色、花期协调

用于摆放花坛的花卉不拘品种、颜色的限制，但同一花坛中的花卉颜色应对比鲜明，互相映衬，在对比中展示各自夺目的色彩，也可以按照渐变色彩的方式进行排列，形成韵律感。花坛设计一般有一个主要观赏季节，在选择花卉材料的时候尽量选择花期接近的花材，并兼顾其他季节的观赏，而对于特殊需要的花丛花坛或节庆活动花坛，则需要通过一些控制花期的手段保证花坛在特定观赏期内达到最佳观赏效果。

4. 图案设计

图案应简洁明快、线条流畅，尽量采用大色块构图——在"粗线条"、大色块中突现植物的群体美。花坛图案设计应与花坛所处的环境和氛围协调，如一些正式会议的会场、规则式空间等一般选用规则式的图案；通常情况下，庭院中或者道路沿线一般设计成自然式的；在一些企事业单位、展馆或展会入口也可以利用花坛拼出项目的名称或者 LOGO，形成鲜明的标志，即所谓的"标牌花坛"；而一些城市特定空间在节庆期间需要利用花坛烘托节庆的氛围，花坛的图案造型就应该与节庆的主题相统一。

5. 花坛边缘处理

在绿地中的花坛可以直接利用植物镶边，镶边植物应低于内侧花卉，其品种选择视整个花坛的风格而定，若花坛中的花卉株型规整、色彩简洁，可采用枝条自由舒展的天门冬、垂盆草、沿阶草、美女樱作镶边；若花坛中的花卉株型较松散，花坛图案较复杂，可采用五色草或整齐的麦冬、地伏作镶边。如果是广场道路铺装之上的花坛，一般应设置缘石（小型花坛也可以不设置缘石，但土面要低于铺装表面，并保证花坛排水顺畅），最好高出地面 10cm 以上，大型花坛可以高出地面 30～45cm，缘石宽度一般为 10～20cm，缘石材料应与环境条件、景观风格相统一，花坛内部的种植土应低于缘石顶面 2.3cm。如果是广场或者会场摆花，外圈宜采用株型整齐的花材，并使用美观一致的塑料套盆作为装饰。

6. 视角、视距设计

一般的花坛都位于人的视平线以下，设人的视高为 1.65m,视平线以下 90° 角范围中,与铅锤方向成 30° 角(约 0.97m)的区域为被忽略区域(不方便观赏,难以引人注意),与铅锤方向成 40° 角(约1.4m)的区域是视线模糊区,与其紧邻的 30° 范围内(1.5 ~ 3m)为视线清晰区,而剩余 20° 范围内,是图案缩小变形区,随着角度的抬高、视距的增大,花坛图案逐渐缩小变形。

四、花境

花境(flower border)又称为花径、花缘,是指栽植在绿地边缘、道路两旁及建筑物墙基处,介于规则式和自然式之间的一种长条状花带(宽度一般为 3 ~ 8m,长度远大于宽度)。花境起源于英国古老而传统的私人别墅花园,最初是在树丛或灌木丛周围成群地混合种植一些管理简便的耐寒花卉,其中以宿根花卉为主要材料。英国园艺学家 William Robinson 第一个将灌木和球根花卉以风景式的形式种植于花境中。第二次世界大战之后,草本花境逐步被混合花境和针叶树花境所取代,花境的形式和内容也有所改变,但是其基本形式和种植方式仍被保留了下来。现代景观设计中,花境因其自然、生态的景观效果得到广泛的应用。

(一)花境的特点

从平面布置来说,花境是规则的,而从植物栽植方式来说则是自然的。花境适合在公共绿地、庭院等多种园林形式中使用,可供选择的植物材料也比较多,如灌木、花卉、地被、藤本等,其中以花卉居多,几乎所有的露地花卉(宿根花卉、球根花卉及一两年生花卉等)都能作为花境的材料,但以多年生宿根、球根花卉为宜。通常,花境具有以下特点。

1. 源于自然,高于自然

花境是根据自然界森林边缘处野生花卉自然散布生长景观加以艺术提炼而应用于园林中的造景艺术,表现的是植物的自然美和群体美,花境保留了自然原生态的景观效果,同时经过人工合理搭配形成独具特色的景观界面。

2. 景观层次丰富,季相景观明显

花境植物材料以宿根花卉为主,包括花灌木、球根花卉及一两年生花卉等,花色、花期、花序、叶型、叶色、质地、株型等主要观赏对象各不相同,通过对植物这些主要观赏对象的组合配置,形成丰富植物景观的层次结构,具有季相分明、色彩缤纷的多样性植物群落景观。另外,花境呈带状布置,可以充分利用园林绿地中的带状地段,也具有分隔空间与组织游览路线的作用。

3. 复式种植结构,生态效果最佳

现代花境多采用乔灌草相结合,或者灌草结合模式,这种复式种植结构也是生态效益最佳的一种种植模式,因此,花境的应用不仅符合现代人们对回归自然的追求,也符合生态城市建设对植物多样性的要求,还能达到节约资源,提高经济效益的目的。

(二)花境的分类

1. 按照配置植物种类划分

按照选用的植物品种进行划分,花境可以分为:一年生花卉花境、多年生植物花境、专类植物花境、观赏草花境、灌木花境、针叶植物花境以及混合花境。

其中,专类植物花境是由一类或一种植物组成的花境,如芍药花境、百合花境、鸢尾花境、菊花境、落新妇花境(图 6-45)等。这种花境由于品种和变种很多,变异大,花型和花色多样,观赏效果很好。

以观叶草本植物(如莎草科、灯心草、木贼、变叶木)为主的花境称为观叶草花境;以灌木为主的花境称为灌木花境;而以针叶植物为主的花境就称为针叶植物花境,因其终年常绿、耐修剪而大受欢迎,如图 6-46 所示由金杜松、刺柏、云杉等常绿植物构成的针叶植物花境。

图 6-45 专类植物花境——落新妇花境

图 6-46 针叶植物花境

混合花境有一年生、多年生花卉,灌木,藤本植物等多种植物组成,如图 6-47 所示,景观丰富,因此应用较为广泛。

图 6-47 混合花境

2.按照花境的观赏面划分

花境分单面观赏(2 ～ 4m 宽)和双面观赏(4 ～ 6m 宽)两种。

单面观赏花境植物配置由低到高,形成一个面向道路的斜面;双面观赏花境,大多数设置在绿化带中央或树丛间,中间植物最高,两边逐渐降低,其立面应有高低起伏的轮廓变化,平面轮廓与带状花坛相似,植床两边是平行的直线或有规律的平行曲线,并且最少有一边需要用低矮的植物(如麦冬、葱兰、银叶蒿、堇菜或瓜子黄杨等)镶边。

3.按照花境所在的生境条件划分

按照花境所在的生境条件划分为:滨水花境、林缘花境、路缘花境、墙基花境、草坪花境等,因其生境不同搭配的花境材料也各不相同,如图 6-48 为由千屈菜、菖蒲、泽泻等水生、湿生植物构成的滨水花境。

图 6-48 滨水花境景观效果

(三)花境材料的选择

花境植物要求造型优美、花色鲜艳、花期长,而且要方便管理,能够长期保持良好的观赏效果。因此花境宜以宿根花卉为主体,适当配植一些一两年生草花和球根花卉或者经过整形修剪的低矮灌木。

花境中常用的灌木材料:木槿、杜鹃、丁香、山梅花、蜡梅、八仙花、珍珠梅、夹竹桃、笑靥花、郁李、棣棠、连翘、迎春、榆叶梅、山茶、绣线菊类、牡丹、小檗、海桐、八角金盘、桃叶珊瑚、马缨丹、桂花、火棘、石楠、茉莉、木芙蓉等。

花境中常用的花卉材料:月季、飞燕草、波斯菊、荷兰菊、金鸡菊、美人蕉、蜀葵、大丽花、黄葵、金鱼草、福禄考、美女樱、蛇目菊、萱草、百合、紫菀、芍药、耧斗菜、鼠尾草、郁金香、风信子、鸢尾、玉簪、石竹、虞美人、紫茉莉、矮牵牛等。

花境中常用的藤本材料：紫藤、美国凌霄、铁线莲、金银花、藤本月季、云实等。

还应根据观赏的需要选择不同花色和花期的植物。

另外要注意的是，花境配置中一定要排除有毒植物，如瑞香、龙葵、鼠李——它们的浆果和种子吸引游人的同时也会给人们带来伤害；还要避免会引起花粉症、呼吸道疾病和皮炎的植物，如天竺葵、康乃馨、夜来香；利用香草植物，那样在嗅觉上可以提升整个花境的欣赏价值；使用能够吸引益虫的植物，如向日葵、艾菊、甘菊。

（四）花境的设计步骤

首先，根据环境和场地条件确定花境的类型，是单面观赏的还是双面观赏的。

其次，确定花境平面轮廓和大致的布局形式，如花境背景布局、主景位置、花境高度等，根据观赏需求确定花境的观赏期和主色调。

再次，在平面图中用圆滑的曲线绘出各种花卉材料栽植位置和范围面积，选择花卉材料（背景植物、主景植物、配景植物），利用引出线标注各种花卉材料的代码或者名称。

最后，进行设计方案的调整，在图中列表填写所用花卉的名称、数量、规格、色彩、花期等内容，并说明花境栽植的要求和注意事项等。

在进行花境设计时应该注意以下几点。

（1）注意花境整体效果，花境应自然错落分布，各种花卉呈斑块状混合，面积可大可小，但不宜过于零碎和杂乱。相邻花卉的生长强弱、繁衍速度也应大体相近，植株之间不应互相排斥。

（2）在配置上要注意植株高度、色彩、花期等方面的搭配组合，如果设计两面观赏的花境，中部以较高的花灌木为主，在其周围布置较矮的宿根花卉，如鸢尾、串儿红、萱草、万寿菊等，外围配酢浆草、天门冬、景天、美女樱等镶边植物，形成高、中、低三个层

次；如果设计单面观赏花境，应在后面栽植灌木或较高的花卉，前面配置低矮的花草，如图6-49所示，花境边缘栽植比较低矮的香雪球等，中间配置有油菜花、美人蕉等，后面配置有芭蕉等高大的植物，形成递进的状态。需要注意的是花境植物的高度不要高过背景，在建筑物前一般不要高过窗台。

⬆ 图6-49 花境植物的高度搭配

为了加强色彩效果，各种花卉应成团、成丛种植，并注意各丛、团间花色、花期的配合。比如如果选择荷包牡丹与耧斗菜配置花境，两者在炎热的夏季都会进行休眠，茎叶出现枯萎的现象，所以应在其间配一些夏秋生长茂盛而春夏又不影响它们生长与观赏的花卉，如鸢尾、金光菊等。为了取得较长期的观赏效果，相邻的花卉在生长强弱和繁衍速度方面要相近，花期最好稍有差异，如芍药和大丽花、水仙与福禄考、鸢尾与唐菖蒲等。

（3）花境设计应与环境协调。花境多用于建筑物周围、墙基、斜坡、台阶或路旁，如果环境设施的颜色较为素淡，如深绿色的灌木、灰色的墙体等，应适当点缀色彩鲜亮的花卉材料，容易形成鲜明的对比；反之则应选择色彩淡雅的花材，如在红墙前，花境应选用枝叶优美、花色浅淡的植株来配置。

（4）花境的设计尺寸。花境的长度视需要而定，无过多要求，如果花境过长，可分段栽植，但要注意各段植物材料的色彩要有所变化，并通过渐变或者重复等方法保证各段落之间的联系。花境不宜过宽或过窄，过窄不易体现群落的美感，过宽超过视觉鉴

赏范围则造成浪费，一般单面观混合花境 4 ～ 5m；单面观宿根花境 2 ～ 4m；双面观花境 4 ～ 6m 为宜。

（5）花境的背景。单面观花境还需要背景，较理想的背景是绿色的树墙或高篱，用建筑物的墙基及各种栅栏作背景以绿色或白色为宜。背景和花境之间最好留出一定空间，可以种上草坪或铺上卵石作为隔离带，一方面避免树木根系影响花境植物的生长，另一方面也方便养护管理，花境距离建筑物 400 ～ 500mm 为宜（图 6-50）。

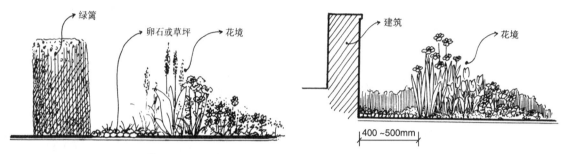

⤴ 图 6-50　花境与绿篱或者建筑物应该有一定的距离

（6）花境植床一般不高于地面，不设置缘石，植床外缘比路面稍低 2 ～ 3cm，中间（双面花境）或内侧（单面花境）应稍稍高起，形成 5°～ 10° 的坡度，以利于排水。

五、花台、花池、花箱和花钵

（一）花台

花台（raised flower bed）是一种明显高出地面的小型花坛，以植物的体形、花色以及花台造型等为观赏对象的植物景观形式。花台用砖、石、木、竹或者混凝土等材料砌筑台座，内部填入土壤，栽植花卉，如图 6-51 所示。花台的面积较小，一般为 5m² 左右，高度大于 0.5m，但不超过 1m，常设置于小型广场、庭园的中央或建筑物的周围以及道路两侧，也可与假山、围墙、建筑结合。

⤴ 图 6-51　花台效果

花台的选材、设计方法与花坛相似，由于面积较小，一个花台内通常只以一种花卉为主，形成某一花卉品种的"展示台"。由于花台高出地面，所以常选用株型低矮、枝繁叶茂并下垂的花卉，如矮牵牛、美女樱、天门冬、书带草等较为相宜，花台植物材料除一两年生花卉、宿根及球根花卉外，也常使用木本花卉，如牡丹、月季、杜鹃花、迎春、凤尾竹、菲白竹等。

按照造型特点花台可分为规则式和自然式两类。

规则式花台，常用于规则的空间，为了形成丰富的景观效果，常采用多个不同规格的花台组合搭配，也可以设置双层立体花台。

自然式花台，又被称为盆景式花台，顾名思义，就是将整个花台视为一个大型的盆景，按制作盆景的艺术手法配置植物，常以松、竹、梅、杜鹃、牡丹等为主要植物材料，配以山石、小品等，构图简单、色彩朴素，以艺术造型和意境取胜。我国古典园林，尤其是江南园林中常见用山石砌筑的花台，称为山石花台，因江南一带雨水较多，地下水位相对较高，而一些传统名贵花木，如牡丹性喜高爽，要求排水良好的土壤条件，采用花台的形式，可为植物的生长发育创造适宜的生态条件，同时山石花台与墙壁、假山等结合，也可以形成丰富的景观层次。

（二）花池

花池是利用砖、混凝土、石材、木头等材料砌筑池边，高度一般低于 0.5m，有时低于自然地坪，花池内部可以填充土壤直接栽植花木，也可放置盆栽花卉。花池的形状多数比较规则，花卉材料的运用以及图案的组合较为简单。花池设计应尽量选择株型整齐、低矮，花期较长的植物材料，如矮牵牛、宿根福禄考、鼠尾草、万寿菊、串儿红、羽衣甘蓝、钓钟柳、鸢尾、景天属等。

（三）花箱

花箱（flower box）是用木、竹、塑料、金属等材料制成的专门用于栽植或摆放花木的小型容器。花箱的形式多种多样，可以是规则形状（正方体、棱台、圆柱等），常借助悬挂构件悬挂于阳台、栏杆、立交桥等位置，用于垂直绿化。花箱也有一些特殊的造型，如图 6-52 所示的花车，这一类型可以直接放置在绿地、铺装中，容器与花卉材料同时作为景观，提高了景观的观赏性和趣味性。

⊕ 图 6-52　花箱的特殊造型——花车效果

（四）花钵

花钵是花卉种植或者摆放的容器，一般为半球形碗状或者倒棱台、倒圆台状，质地多为砂岩、泥、瓷、塑料、玻璃钢及木制品。按照风格划分，花钵分为古典和现代形式。古典式又分为欧式、地中海式和中式等多种风格，欧式花钵多为花瓶或者酒杯状（图 6-53），以花岗岩石材为主，雕刻有欧式传统图案；地中海式花钵是造型简单的陶罐（图 6-54）；中式花钵多以花岗岩、木质材料为主，呈半球、倒圆台等形式，装饰有中式图案（图 6-55）。现代式花钵多采用木质、砂岩、塑料、玻璃钢等材料，造型简洁，少有纹理（图 6-56）。

花钵类型、材质以及布置方式应该与景观风格统一，欧式花钵一般采用行列式布置在欧式景观中，地中海式花钵往往采用 2～3 个一组自然式布置，中式花钵可单独或者成组布置于庭院或者绿地中，而现代式花钵的布置较为灵活。

⊕ 图 6-53　欧式花钵

⬆ 图 6-54　地中海式花钵

⬆ 图 6-55　中式花钵

⬆ 图 6-56　现代式花钵

　　其实，花台、花池、花箱、花钵就是一个小型的花坛，所以材料的选择、色彩的搭配、设计方法等与花坛比较近似，但某些细节稍有差异。

　　首先，它们的体量都比较小，所以在选择花卉材料时种类不应太多，应该控制在 1～2 种，并注意不同植物材料之间要有所对比，形成反差，不同花卉材料所占的面积应该有所差异，即应该有主有次。

　　其次，应该注意栽植容器的选择，以及栽植容器与花卉材料组合搭配效果。通常是先根据环境、设计风格等确定容器的材质、式样、颜色，然后再根据容器的特征选择植物材料，比如方方正正的容器可以搭配植株整齐的植物，如串儿红、鼠尾草、鸢尾、郁金香等；球形或者不规则形状的容器则可以选择造型自然随意或者下垂形的植物，如天门冬、矮牵牛等；如果容器的材质粗糙或者古朴最好选择野生的花卉品种，比如狼尾草；如果容器质感细腻、现代时尚一般宜选择枝叶细小、密集的栽培品种，如串儿红、鸡冠花、天门冬等。当然，以上所述并不完全绝对，一个方案往往受到许多因素的影响，即使是很小的规模也应该进行综合、全面地分析，在此基础上进行设计。

　　最后，还需要注意的是高于地面的花台、花池、花箱或者花钵，必须设计排水盲沟或者排水口，避免容器内大量积水影响植物的生长。

第七章
园林景观的美

第一节　园林景观艺术的特点

园林景观艺术在我国的历史十分悠久，是伴随着诗歌、绘画艺术而发展起来的，具有诗情画意的内涵，我国人民又有崇尚自然、热爱山水的传统风尚，所以又具有师法自然的艺术特征。它通过典型形象反映现实、表达作者的思想感情和审美情趣，并以其特有的艺术魅力影响人们的情绪、陶冶人们的情操、提高人们的文化素养。园林景观艺术是对环境加以艺术处理的理论与技巧，是艺术形象与物质环境的一种结合，因而有其自身的特点。

一、园林景观艺术是与科学相结合的艺术

园林景观是与功能相结合的艺术形式，所以在规划设计时，首先要求综合考虑其多种功能，对服务对象、环境容量、地形、地貌、土壤、水源及其周围的环境等进行周密地调查研究，才能着手规划设计。园林建筑、道路、桥梁、景观布局、给排水工程以及照明系统等都必须严格地按工程技术的要求设计进行施工，这样才能保证工程的质量。植物因种类不同，其生态习性、生长发育规律以及群落演替过程等也不同，只有按其习性因地制宜地予以利用，加上科学管理，才能使植物达到生长健壮和枝繁叶茂的效果，这是植物造景艺术的基础。综上所述，一个优秀的园林景观，从规划设计、施工到养护管理，无一不是

依靠科学，只有依靠科学，园林景观艺术才能做到尽善尽美。

二、园林景观艺术是有生命的艺术

构成园林景观的主要要素是植物。利用植物的形态、色彩和芳香等作为造景艺术的主题，并结合植物的四季变化来构成绚丽的园林景观。植物是有生命的，因而园林景观艺术也具有了生命的特征，它不像绘画与雕塑艺术那样追求抓住瞬间的形象，而是随着岁月流逝，不断变化着自身的形体，并因植物间相互消长而不断使园林景观空间的艺术形象发生变化，因而园林景观艺术是有生命的艺术。

三、园林景观艺术是与功能相结合的艺术

在考虑园林景观艺术性的同时，要顾及其环境效益、社会效益和经济效益等各方面的要求，要做到艺术性与功能性的高度统一。

四、园林景观艺术是融会多种艺术于一体的综合艺术

园林景观是融文学、绘画、建筑、雕塑、书法、工艺美术等艺术门类于一体的一种独特艺术形式。它们为了充分体现园林的艺术性而在各自的位置上发挥着作用。各门艺术形式的综合，必须彼此互相渗

透与交融,形成一个既适合于新的条件,又能够统辖全局的总的艺术规则,从而体现出综合艺术的本质特征。

从上面列举的四个特点可以看出,园林景观艺术不是任何一种艺术都可以代替的,任何一位大师都不能完美地单独完成造园任务。有人说造园家如同乐队指挥或戏剧的导演,他虽然不一定是个高明的演奏家或演员,但他是一个乐队的灵魂,戏剧的统帅;他虽不一定是一个高明的画家、诗人或建筑师等,但他能运用造园艺术原理及其他各种艺术的和科学的知识统筹规划,把各个艺术角色安排在相对适宜的位置,使之互相协调,从而提高其整体艺术水平。因此,园林艺术设计效果的实现,是要靠多方面的艺术人才和工程技术人员通力协作才能完成的。

园林景观艺术的上述特征,决定了这门艺术反映现实和反作用于现实的特殊性。一般来说,园林艺术不反映生活和自然中丑的东西,而反映的自然形象是经过提炼的、令人心旷神怡的部分。古典园林中的景物,尽管在思想上有虚假的自我标榜和封建意识的反映,但它的艺术形象通过愉悦感官,能引起人们心理上和情绪上的美感和喜悦。

大自然不会厚此薄彼,自然美的艺术表现会引起不同阶层共同的美感。园林景观艺术虽然能表现一定的思想主题,但其在反映现实方面较模糊,不可能具体地说明事物,因此它的思想教育作用远不能和小说、戏剧、电影相比,但它能给人以积极的情绪上的感染和精神与文化上的陶冶作用,有利于人们的身心健康和精神文明建设。

由于上述特点,决定了园林景观设计的思想内容和表现形式的统一。如中国的传统园林既包含玄学,也可容纳道教、佛教、文人和士大夫的思想意识。自然山水园林形式既可表现人们的生活趣味、思想主题,也可为社会主义精神文明建设服务。但是这并不意味着它不反映社会现实,也不意味着它的形式和内容可以脱节。园林景观艺术形式是在特定历史条件下政治、经济、文化以及科学技术的产物,它必然带有特定时代的精神风貌和审美情趣

等。今天,无论是我国的社会制度还是时代潮流,都发生了根本的变化,生产关系和政治制度的巨大变革以及新的生产力极大地推动了社会进步和文明的发展,带来了人们在生活方式、心理特征、审美情趣和思想感情等方面的深刻变化,它一定和旧的园林景观艺术形式发生矛盾,一种适应社会主义新时代的园林艺术形式,必将在实践中不断发展并完善起来。

总之,园林景观艺术主要研究园林创作的艺术理论,其中包括园林景观艺术作品的内容和形式、园林景观设计的艺术构思和总体布局、园景创造的各种手法、形式美构图的各种原理在园林中的运用等。

第二节 园林景观的艺术美及其属性

一、园林景观艺术美的概念

所谓园林景观艺术美是指应用天然形态的物质材料,依照美的规律来改造、改善或创造环境,使之更自然、更美丽、更符合社会审美要求的一种艺术创造活动。艺术是生活的反映,生活是艺术的源泉。这决定了园林景观艺术有其明显的客观性。从某种意义上说,园林景观艺术美是一种自然与人工、现实与艺术相结合的,融合着哲学、心理学、伦理学、文学、美术、音乐等于一体的综合性艺术美。园林景观艺术美源于自然美,又高于自然美。正如歌德所说:"既是自然的,又是超自然的。"

园林景观艺术是一种实用与审美相结合的艺术,其审美功能往往超过了它的实用功能,目的大多是以游赏为主的。

园林景观美具有诸多方面的特征,大致归纳如下。

(1)园林景观美从其内容与形式统一的风格上,反映出时代民族的特性,从而使园林景观艺术美呈现出多样性。

（2）园林景观美不仅包括树石、山水、草花、亭榭等物质因素，还包括人文、历史、文化等社会因素，是一种高级的综合性的艺术美。

（3）园林景观艺术审美具有阶段性。

总之，园林景观艺术美处处存在。正如罗丹所说，世界上"美是到处都有的，对于我们的眼睛，不是缺少美，而是缺少发现"。

二、园林景观艺术美的来源

（一）园林景观艺术美来自发现与观察

世界是美的，美到处都存在着，生活也是美的，它和真与善的结合是人类社会努力寻求的目标。这些丰富的美的内容，始终不断地等待我们去发现。宗白华先生说："如果在你的心中找不到美，那么，你就没有地方可以发现美的踪迹。"自然美是客观而存在的，不以人的意志为转移，这个客观存在只有引起自己的美感，然后才有兴致进行模仿或再现，最后才有可能引起别人的美感景观艺术。因此主观上找到并发现美是十分重要的因素。

发现园林景观艺术美，首先要认识那些组成园林景观艺术美的内容，科学地分析它的结构、形象、组成部分和时间的变化等，从中得到丰富的启示。越是深入地认识、越是忘我，就越能从中得到真实的美感，这也是不断地从实践中收获美感的过程。属于园林景观艺术美的内容有以下四种。

1．植物

植物是构成园林景观艺术美的主要角色，它的种类繁多，有木本的、有草本的，木本中又有观花的、观叶的、观果的、观枝干的各种乔木和灌木。草本中有大量的花卉和草坪植物。一年四季呈现出各种奇丽的色彩，表现出各种体形和线条。植物美是人们享用不尽的。

2．动物

动物主要有驯兽、鸣禽、飞蝶、游鱼等，既有莺歌报春、归雁知秋，又有鸠唤雨、马嘶风等，穿插于安静的大自然中，为自然界增添了生气。

3．建筑

古代帝王园林、私家园林和寺观园林，建筑物占了很大的比重，其类别很多，变化丰富，逐渐形成了我国建筑的传统艺术及地方风格，因很多建筑的设计独具匠心而在世界上享有盛名。虽然现代景观设计中的建筑的比重需要大量地减少，但对各式建筑的单体仍要仔细观察和研究，应关注它的功能、艺术效果、位置、比例关系，以及与四周自然美的结合等。近代园林建筑也如雨后春笋般出现在许多城市的园林景观设计中，今后如何古为今用或推陈出新，亟待我们进行深入研究。

4．山水

自然界的山峦、峭壁、悬崖、涧壑、坡矶，成峰成岭，有坎有坦，变化万千。

园林景观设计师要胸中有丘壑，经常模仿自然山水，《园冶》中提出"有真为假，做假成真"，所以必须熟悉大自然的真山真水，认真观察才能重现大自然的天然之趣。

水面也称水体，自然界中大到江河湖海，小至池沼溪涧，都是美的来源，是园林景观设计中不可或缺的内容。《园冶》中指出"疏源之去由，察水之来历"，园林景观设计师要"疏"要"察"，了解水体的造型和水源的情况，造假如真才能体现水在园林景观中的艺术美。同时水生植物、鱼类的饲养都会使水体更具生气。

实际上园林景观艺术美的内容远不止以上四种。正如王羲之在《兰亭序》中所说："仰观宇宙之大，俯察品类之盛，所以游目骋怀，足以极视听之娱，信可乐也。"他的"仰观"与"俯察"是在宇宙和品类中发现与观察到视听的美感所在，他找到了，故而随之得到了审美的乐趣，感到"信可乐也"。

（二）园林景观艺术美是在观察后的认识

园林景观艺术美的内容充满了对自然物的利用，只有将科学与艺术相结合，才能达到较高的艺术效果并创造出美的境界,这正是园林景观艺术与其他艺术迥然不同的地方。

科学实践可以帮助人们发现自然美的真与善,例如牡丹和芍药本是药用植物,现在是人们喜爱的观赏植物;番茄和马铃薯本是观花赏果的观赏植物,现在也成为人类的重要食品。世界上几十万种高等植物,如果没有科学的发现和引种培育,怎能会有今天的缤纷世界?科学帮助我们认识自然规律,也帮助我们理解一些很普通的自然现象。

前人有许多观察与认识的经验,他们虽然不一定是科学家,但是对于自然界的观察精心而细致。画家的观察要"潜移默化"记在心里加以融合之后才能"绘形如生"(刘勰),甚至"与造化争神奇"(黄子久),也就是超越自然美的表现。至于园林家的观察与认识要比诗人和画家更广泛、细致,也更为科学,"目寄心期"成为再现自然的依据。事物往往是"相辅相成"或"相反相成"的,园林景观艺术美能够引人入胜,很多是在相形之下产生相异的结果,所以要认识大自然中的虚与实、动与静、明与暗、大与小、孤与群、寒与暑、形与神、远与近、繁与简、俯与仰、浓与淡等十分复杂的变化和差异,体会个中的奥妙,即所谓"外师造化,拜自然为师"是十分重要的认识过程。认识以后,园林景观设计师要像其他艺术家那样推敲、提炼、取舍,结合生活与社会,创造出现代人所喜爱的美景。同时既不能搞自然主义,也不能机械地生搬硬套。

(三)园林景观艺术美来自于创作者所营造的意境

中国美学思想中有一种西方所没有的"意境"之说,它最先是从诗与画的创作而来。什么是意境?有人认为意境是内在的含蓄与外在表现(如诗、画、造园)之间的桥梁,这种解释可以试用在园林景观艺术美的创作中并加以引申。自然是一切美的源泉,是艺术的范本,上面谈了许多发现、观察、认识的过程,最后总要通过设计者与施工管理者的运筹,其中必然存在创作者的主观感受,并在创作的过程中很自然地传达了他的心灵与情感,借

景传情,成为物质与精神相结合的美感对象——园林景观风景。这个成品既有创作者个人的情意,又有借这些造园景物表达他情意的境地。这种意与境的结合比诗歌的创作更形象化,比绘画创作更富有立体感。园林景观艺术美的"意境"就是这样形成的。

必须加以说明的是,创作者的意境会不会引起欣赏者相同或相近的意境,这确实是一件很难预料的事,其中有时间和空间的不断变化,也有欣赏者复杂的欣赏水平的体现。当然,自然景物的语言是不具备任何标题的,一切附带着情感的体会都是在自然景物中夹杂了人文的景物,如寺庙、屏联、雕像等,引导欣赏者进入某些既定的标题,这样往往将园林景观艺术美事先就定下了意境的范畴,自然美在这里反而成了次要的配景。真正的园林景观艺术美应当像欣赏"无标题音乐"一样,任由情感在自然美中驰骋和想象。

列宁说过:"物质的抽象,自然规律的抽象,价值的抽象以及其他等,一句话,一切科学的抽象,都更深刻、更正确、更完全地反映着自然。"园林景观设计就是为了充分地反映自然,所以需要科学的抽象。

三、园林景观艺术美的属性表现

园林景观艺术美的表现要素是众多的。如主题形式美、造园意境美、章法韵律美,以及植物、材料、色彩、光、点、线、面等。

(一)主题形式美

这种主题的形式美,往往反映了各类不同园林景观艺术的各自特征。

园林景观设计主题的形式美,渗透着种种社会环境等客观因素,同时也强烈地反映了设计者的表现意图,或象征权威,或造成宗教气氛,或具有幽静闲适、典雅等多方面的倾向。主题的形式美与造园者的爱好、智力、创造力,甚至造园者的人格因素、审美理想、审美素养是有密切联系的。

（二）造园意境美

中国古典园林景观的最大特征之一，便是意境的创造。园林中的山水、花木、建筑、盆景，都能给人以美的感受。当造园者把自己的情趣意向倾注于园林之中，运用不同材料的色、质、形，统一平衡、和谐、连续、重现、对比、韵律变化等美学规律，剪取自然界的四季、昼夜、光影、虫兽、鸟类等，混合成听觉、视觉、嗅觉、触觉等结合的效果，唤起人们的共鸣、联想与感动，才产生了意境。

中国古典园林受诗画影响很大。中国园林景观的意境是按自然山水的内在规律，用写意的方法创造出来的，是"外师造化，中得心源"的结果。

（三）章法与韵律

我们说，园林景观是一种"静"的艺术，这是相对其他艺术门类而言的，而园林景观设计中的韵律使园林空间充满了生机勃勃的动势，从而表现出园林景观艺术中生动的章法和园林景观空间内在的自然秩序，反映了自然科学的内在合理性和自然美。

人们喜爱空间，空间因其规模不同及内在秩序的不同而在审美效应上存在着较大的差异：园林景观艺术中一直有"草七分，石三分"的说法，这便是处理韵律的一种手法。组成空间的生动的韵律和章法能赐予园林景观艺术以生气与活跃感，并且可以创造出园林景观的远景、中景和近景，更加深了园林景观艺术内涵的广度和深度。

总之，园林景观艺术综合了各种艺术手段，它包括建筑、园艺、雕塑、工艺美术、人文环境等综合艺术。园林景观艺术美的表现要素是多方面的，除以上方面外，还有以功能为主的园内游泳池、运动场等，供休憩玩赏的草坪、雕塑、凉亭、长椅等。只有依照审美法则，按照审美规律去构建，才能达到令人满意的美的艺术效果。

四、园林景观艺术美及其属性的创造

人工模仿自然美是一个创造的过程，而不是照抄。英国的纽拜（Newby）提到过："世界上发生了可观的人为变化，现在的风景基本上都是人造的了。"这句话原指英国土地的狭窄情况。诚然是如此，中国的旧城改造、公共绿地紧张的现状导致了大部分的人造风景，所以园林景观艺术美的创造也就成为城市建设的当务之急。

下面提一些创造的途径，并加以议论。

（一）地形变化创造的园林景观艺术美

世界造园家都承认，地势起伏可以表现出崇高之美，我国的诗与画论及文学艺术的大量作品中都提到居高远眺的美感，前面提过的《兰亭序》中就有俯仰之间的乐趣。宗白华先生摘录了唐代诗圣杜甫的诗句中带有"俯"字的就有十余处，如"游目俯大江""层台俯风渚""扶杖俯沙渚""四顾俯层巅""展席俯长流""江缆俯鸳鸯"等。杜甫在群山赫赫的四川，俯瞰的机会很多，所以不乏俯视的感叹。

不仅如此，登高之后还有远瞩的美感，在有限中望到无限，心情是十分激动的。如"落日登高屿，悠然望远山"（储光羲）等。所以有人说诗人、画家最爱登山，他们的感触不同，登高以后借题发挥、抒发逸气是最好的题材了。所以园林景观中要提供登山俯仰的条件，一定十分受人欢迎。

有山即有谷，低处的风景也是意趣横生，谷地生态条件好，适于植物繁衍，常形容为"空谷幽兰""悬葛垂萝"并不夸张。如果有瀑布高悬，更是静谷传声热闹起来了，如袁牧写的《飞泉亭》一文，就描述了那里的古松、飞泉、休息亭，亭中有人下棋、吟诗、饮茶，同时可以听到水声、棋声、松声、鸟声、吟诗声等，这个山谷的风景是十分耐人寻味的。

自然界的高山幽谷在城市附近十分少有，为了创造这种情趣的山景，人工造山自古有之，两千多年前袁广汉就堆置石山，历代帝王都嗜爱堆山，画家论山的文章也很多。例如，"主峰最宜高耸，客山须是奔趋""侧山川之形势，度地土之广远，审峰嶂之疏密，识云烟之蒙昧""结岭挑之土堆，高低观之多致"等，画山与堆山道理有些相近，值得园林景观设计师借鉴。

关于园林中是否适宜堆山，造园家李渔认为，"盈亩累丈的山如果堆得跟真山无异是十分少见的"，他还说，"幽斋磊石，原非得已。不能置身岩下与木石居，故以一卷代山，一勺代水，所谓无聊之极致也。"《园冶》中也说："园中掇山，非士大夫好事者不为也。"这两位古代造园的名家对园中造山均持有异议，地形美虽是增加园林景观艺术美的途径，但堆置得满意的并不多见，所以得失如何是要慎重考虑的。

既然如此，造山增加园林景观艺术美的途径，最好是尽量利用真山，既经济又自然，如颐和园（利用原有的瓮山）、南京的雨花台烈士公园、北京的香山公园、贵阳的黔灵公园、广州的越秀山公园、黄花岗烈士公园、白云山公园等就是成功的案例。这些公共绿地利用了自然山水，风景秀美而且景观效果良好，同时节约了大量投资。

宋徽宗在开封平原上挑土堆山，建造"艮岳"，自南方运来大量的石料及树木以点缀山景，劳民伤财，加速了北宋的灭亡。

总之，地形有起伏是一种园林景观艺术美，有天然的地形变化当然最为理想，如果人工创造地形美则要慎重考虑。

（二）水景创造的园林景观艺术美

水面有大小，名称也很不统一，但都能在园林景观艺术中给人以美感，尤其是水景引起的美感有许多同一性，现归纳说明如下。

（1）水面不拘大小和深浅均能产生倒影，与四周的景物毫无保留地相映成趣，倒影为虚境，景物为实境，形成了虚实的对比。

（2）平坦水面与岸边的景物如亭、台、楼、榭等园林建筑形成了体形、线条、方向的对比。

（3）水中可以种植各种水生植物，滋养鱼虾，显出水的生气，欣赏水景的美感可以产生一种"羡鱼之情"，想到传说中的"龙宫""蛟宫"那样一个不可进入的世界，形成生活和情感的对比。

（4）水的形态变化多样，园林景观艺术中可以充分利用这种多变性增加美感。水景的美是园林景

观艺术美中不可少的创造源泉，动赏、静赏皆享用不尽。中国古典园林景观无论南北，或帝王，或私人都善于利用水景为中心。综观国内大小名园，如颐和园、北京三海、承德避暑山庄等，无不是如此，被毁的圆明园及大部分私家园林，几乎都是一泓池水居中或稍偏，并已成为惯例。水面作为中心景物的手法，在西方造园家看来，恰像西方园林中安排草坪一样，但效果上各自成趣，水面的艺术性与变化性均要胜过草坪。

游人如果细观水的动静，结合水边的景物，联系一些水上的活动，确有言传不尽的意趣。例如，一叶扁舟穿行于拱桥的侧影之中，石渚激起的涟漪，鱼儿啃着浮水的莲荷，垂钓者凝视着浮动的浮标，堤上川流不息的车水马龙等，这些动与静交织的画面，如果没有水面是无从欣赏的。

（三）植物创造的园林景观艺术美

丰富多彩的园林植物创造出园林景观艺术美的多样性，正满足了人类生活与喜好的多样性，因此园林植物与人类的生活之间的关系是密不可分的。

园林植物对园林景观艺术美的贡献一般为两个步骤，首先是向游人呈现出视觉的美感，其次才是嗅觉。艺术心理学家认为视觉最容易引起美感，而眼睛对色彩最为敏感，其次是体形和线条等。根据这些情况，植物最受人们欢迎的特点是色彩动人，其次才是香气宜人，然后才是体形美、线条美等。因此园林植物的栽培与选育者也一直围绕着这些喜好或嗜好而忙忙碌碌，为满足园林景观艺术美的要求而努力。

中国传统的园林植物配植手法有两个特点，一是种类不多，内容都是传统喜爱的植物；二是古朴淡雅，追求画意色彩偏宁静。这类的植物景观，在古代的诗、画、园中屡见不鲜。

至于传统的配植手法有两种。一种是整齐对称的。中国字"丽"的繁体字是两个鹿并列，证明我国古代的审美观念相当重视整齐排比的形式。古园林中也有实例，如寺院、殿堂、陵墓、官员的住宅门

口,大都是成对成行列植的,用银杏、桧柏、槐树、榉树等,以此来表示庄严肃穆。另一种配植方法是采取自然式的,这是古典园林中最常见、流行最广的方式。前面多次提到的诗情画意就是指这种自然式的效果。简单地归纳一下,古典园林的植物美是按以下方式体现的。

(1)保留自然生长的野生植物,形成颇有野趣而古朴的"杂树参天和草木掩映"之容。

(2)成片林木,具有郁郁苍苍的林相,竹林、松林比较常用,其他高大乔木选山坡、山顶单种成片,形成"崇山茂林之幽"。

(3)既可以作为果树又可以赏花的如桃、李、杏、梅、石榴之类栽于堂前,或成片绕屋,有蹊径可通,最有意趣。此即谓"桃李成蹊"之貌。

(4)园内四周种藤本植物,如紫藤、蔷薇、薜荔、木香等种类,形成"围墙隐约于萝间"的景色,更为自然。

(5)水池边上种柳,浅水处种芦苇、鸢尾、菖蒲之类,湿地种木芙蓉,要有"柳暗花明"之趣。

(6)庭院需庇荫,常点缀落叶大乔木,数量不需多,形成"槐荫当庭""梧荫匝地"的庭荫。廊边、窗前种芭蕉或棕竹,室内会觉得青翠幽雅。

(7)花台高于地面,设在堂前对面的影壁之下,或沿山脚,其中种些年年有花果可赏的多年生植物,如牡丹、芍药、玉簪、百合、晚香玉、兰花、绣墩草(又称书带草)、南天竹、鸢尾之类,与园主人的生活比较接近,形成"对景莳花"之乐。

以上只是概括地列出一些古时常用的布置方式,而且这些实景如今在江南古典园林中还可以寻到踪迹。由于近年引种一些进口花卉或雪松之类,古朴自然的景色有的已经不复存在了。

传统的园林景观艺术美是由人们喜好的植物与传统的布置手法互相结合而来。以上仅介绍了一点轮廓,今后的园林景观设计究竟如何适应密集的城市建筑,以及近现代传入的西方园林如何做到"洋为中用",将是所有园林景观设计师和工作者迫切需要解决的问题。

这里还要探讨一下园林景观艺术美中的植物美怎样才能表现出来。下面总结出十项注意事项。

(1)要为植物提供足够的空间,让其充分地生长,尽量表现出植物应有的体形美、色彩美。采取密植方式或以建筑物代替的办法,是违反园林景观设计艺术原则的。

(2)要提供足够的条件满足植物的生长,如土壤、肥料、水分三个基本条件,才能显出植物的生机勃勃之美。

(3)要了解该种植物原产地的情况,它的生态条件、伴生的其他植物,园林景观设计者不能单纯为了追求艺术性而种植不适合的种类或组成不适合的组合。

(4)不要随便动用刀、剪、斧、锯,要让植物自然地生长。人工整形修剪的植物,美学家认为是"活的建筑材料",如同砖瓦一样,完全失去了原有的自然趣味。

(5)要以当地的气候与人的户外生活需要为准,决定庇荫乔木的选择。人们需要阳光的时候落叶,需要庇荫的时候发叶是基本要求;终年炎热的城市才大量种植常绿树。违反这个原则就无法很好地体现植物美。

(6)树木之外更需要开阔的草坪和地被植物的修饰。园林景观越接近自然,越使人愉快。自然界的植物景观是简朴的,所以有"简单即是美"的原则。

(7)要以乔灌木为主体发挥园林景观艺术美,以达到既隽永又实用的效果。尽量少用一两年生的花草,因其寿命短,费工力。为增添色彩美,也可以选一些多年生宿根草本和球根植物。

(8)植物要经常保持清洁,注意防治病虫害。一尘不染的草地树木园林景观,才能使人心旷神怡、赏心悦目。

(9)植物的个体美与集体美两者比较起来,要更多地发挥植物的集体美,尤其在大面积的园林中用一种植物成片种植,不仅在功能上效果好,而且会在艺术效果上形成一种浩然、浑厚的气魄。

(10)大小园林景观都是以植物的自然美而取胜的,这里不应以人工美占优势,尤其不能以大量的服务性建筑、休憩建筑或游乐设施占据植物的布置。

以上十项是当前许多发达国家已经行之有效的经验。虽然各国有自身的民族风格与历史底蕴,遵照这几项来重视园林景观植物,并使它发挥美的效果,其结果并不损伤各国原有的传统风格。

总之,园林景观艺术美以发挥植物美为主的做法,是目前该行业在全世界的发展趋势。欧洲在文艺复兴后的二三百年中已经放弃表现大量的人工美而趋向自然美,东方则是崇尚自然美的发源地。目前,欧洲大陆乃至美洲各国都正在流行自然式的树林草地,植物美的艺术形式非常突出,这个趋势的发展肯定会符合经济大发展中各国人民的需要。

(四)园林景观艺术美之园林景观建筑的体现

中国的园林景观建筑从未央宫、阿房宫那个时代起就受到封建统治阶级的重视,此后历代王朝从未减少。园林景观建筑的美根据宗白华先生的分析,具备着"飞动之美"。《诗经》上也曾提过"如跂斯翼"和"如翚斯飞",意思是说建筑像野鸡(翚)飞起来一样美。如今江南园林景观建筑仍旧飞檐如翼,静势中体现着动势之感;北方因冬春风力太大,亭台飞檐稍差一些。总之不论南北,园林景观建筑看起来都显得轻快、飘逸,有动势的美(图7-1)。

古典园林景观建筑的种类形式繁多,其中以亭的变化最丰富,使用也最广泛。"亭者,停也。"亭子本是供休息用的,但在园景景观中逐渐成为点缀品,在性质上由实用变为雕镂彩画的艺术品,这种人工美在园林中显然与自然美形成了对立的属性。

古典园林景观在帝王或私人的需求之下,紧密地结合着他们的生活、朝政、游宴等,在建筑的比重上,随他们的需要而任意增添,因此很多园林中建筑充斥,而自然美无从发展,如亭榭的位置就有水边、水中、山腰、山顶、林间、路角、桥上、廊间、依墙等,以至《园冶》中也无法归纳而不得不承认这个事实:

"安亭有式,基立无凭""宜亭斯亭""宜谢斯榭",就是说到处都可以建亭子了,数量之多令人难以赞许。当时的客观条件与主观需要显然存在着矛盾,江南一带的古典园林景观很多均建在城池之内,在有限的空间内加入大量的景观建筑,局促的情况可以想象到。

⬆ 图7-1 "如跂斯冀"《诗经》

综上所述,讨论园林景观艺术美及其属性,首先需要了解园林景观艺术在我国现实情况下的意义,尤其是其社会性和群众性是我国新园林景观艺术的特点。

园林景观艺术首先需要发现与观察,观察的目标是园林景观艺术美的四个主要内容,即植物、动物、山水和建筑。观察要重视科学,拜自然为师。熟悉这些内容之后,还要摸索意境,从古诗中品味诗情,从山水画中觅求画意,从名山大川的游览中索取素材,为当代园林景观艺术寻找美的来源。

园林景观艺术美的创造来自四个方面:地形的变化、水景的真意、植物的传统喜好与主角作用的发挥,建筑为园林景观服务。江南古典园林景观中建筑过分拥塞,对此应有正确的分析与认识。城市园林的远景,在经济大发展的形势下,需要善于利用山、水、植物和建筑创造出园林景观艺术美,应该是开朗、淡雅、朴实,充满自然美的园林景观,才符合广大人民的需要。

第三节 园林景观的色彩

园林景观是一个绚丽多彩的世界,在园林景观诸多造景因素中,色彩是最引人注目的,给人的感受也是最为深刻的。园林景观色彩作用于人的视觉器官,引起情感反应。色彩的作用多种多样并赋予环境以性格:冷色创造宁静安逸的环境,暖色则给人以喧闹热烈的感觉。色彩有一种特殊的心理联想,其不同的运用形成了不同的园林景观风格。西方园林景观色彩强调浓重艳丽,风格热烈外放;东方园林景观色彩偏重朴素合宜,风格恬淡雅致,隽永内敛。了解色彩的心理联想及象征,在园林景观设计中科学、合理、艺术地应用色彩,有助于创造出符合人们心理的、在情调上有特色的、能满足人们精神生活需要的色彩斑斓、赏心悦目的生活空间场所。

一、园林景观色彩的识别和感觉

色彩是光作用于人视觉神经所产生的一种感觉。不同的色彩是由于光线的波长不同,以及光线被物体吸收和反射后给人以不同的视觉刺激产生的结果。色相、明度和纯度用于色彩的识别与比较,称为色彩三要素。色彩三要素的组合搭配,使园林景观呈现出绚烂多姿的效果,给人以不同的视觉、情调、心理、情感感受。色彩只有靠知觉感知才能传达情感。园林景观设计中要透过人们的知觉,利用色彩来创造优美、舒适、宜人的景观环境。园林景观色彩通过色彩不同属性的组合搭配,可以给人以温暖与寒冷感、兴奋与冷静感、前进与后退感、华丽与朴素感、明朗与阴郁感、强与弱感、面积感、方向感等不同的感受。

二、园林景观色彩的种类

(一)自然色彩

园林景观中的山石、水体、土壤、植物、动物等的颜色及蓝天白云都属于自然色彩。

1.山石

具有特殊色泽或形状的裸岩、山石的色彩种类很多,有灰白、润白、肉红、棕红、褐红、土红、棕黄、浅绿、青灰、棕黑等,它们都是复色,在色相、明度、纯度上与园林环境的基色——绿色都有不同程度的对比,园林景观中巧以利用,可以达到既醒目又协调的感官效果。

2.水体

水本来无色,但能运用光源色和环境色的影响,使其产生不同的颜色。水的颜色与水质的洁净度也有关。水具有动感,通过水可以反映天光行云和岸边景物,如同透过一层透明薄膜,更显旖旎动人(图7-2)。园林景观设计中对水体善加利用,如人造瀑布、喷泉、溢泉、水池、溪流等,配上各色灯光,可形成绚丽多彩的园林景观效果。

⊕ 图7-2 环境色彩下的水景

3.土壤

土壤颜色的形成较为复杂,通常有黑色、白色、红色、黄色、青色等类别,或者介于这些颜色之间。土壤在园林景观设计中绝大部分被植被、建筑所覆盖,仅有少部分裸露在外,裸露的土壤如土质园路、空地、树下等,也是园林景观色彩的构成部分。

4.植物

园林景观色彩主要来自植物,植物的绿色是园林景观色彩的基色。植物的叶、花、果、干的色彩众多,同时又有季相变化,是营造园林景观艺术美的重要表现素材。在叶、花、果、干四个部位应最先考虑安排叶色,因为它在一年中维持的时间较长和较稳定。常绿树叶浓密厚重,一般认为过多种植会带来阴森、颓丧、悲哀的气氛。很多落叶树的叶子在阳光透射下形成光影闪烁、斑驳陆离的效果,落叶呈现的嫩黄色显得活泼轻快,可成为园林景观中的一景。园林景观植物配置要尽量避免一季开花、一季萧瑟、一枯一荣的现象,造意分层排列或以宿根花卉合理配置,或自由混栽不同花期,以弥补各自的不足(图7-3)。

✿ 图7-3 色彩缤纷的植物景观

5．动物

园林景观中的动物色彩,如鱼翔浅底、鸳鸯戏水、白毛浮绿水、鸟儿漫步采食,不仅形象生动,而且给园林景观环境增添生机。动物本身的色彩较稳定,但它们在园林景现中的位置却无法固定,任其自由活动,可以活跃景色,平添园林景观的生气。

(二)人工色彩

园林景观设计中还有一类色彩构景要素,如建筑物、构筑物、道路、广场、雕像、园林小品、灯具、座椅等的色彩均属于人工色彩。这类色彩在园林景观设计中所占比重不大,但其地位却举足轻重。园林景观中主题建筑物的色彩、造型和位置三者相结合,能起到画龙点睛的作用,其中尤以色彩最令人瞩目,同时色彩也能起到装饰和锦上添花的作用。

三、园林景观的配色艺术

当园林景观构图已经形成,在色彩的搭配应用上主要以色相为依据,辅以明度、纯度、色调的变化进行艺术处理。首先依据主题思想、内容的特点、构想的效果,特别是表现因素等,决定主色或重点色是冷色还是暖色,是华丽色还是朴素色,是兴奋色还是冷静色,是柔和色还是强烈色等。之后根据需要,按照同类色相、邻近色相、对比色相以及多色相的配色方案,以达到不同的配色效果。

(一)同类色相配色

相同色相的颜色,主要靠明度的深浅变化来构成色彩搭配,给人以稳定、柔和、统一、幽雅、朴素的感觉。园林景观的空间是多色彩构成的,不存在单色的园林景观,但不同的风景小品,如花坛、花带或花地内,只种植同一色相的花卉,当盛花期到来时,绿叶被花朵淹没,其效果会比多色花坛或花带更引人注目。成片的绿地,道路两旁的郁金香,田野里出现的大面积的油菜花,枫树成熟时的漫山红遍,这些同一颜色大面积出现时,所呈现的景象十分壮观,令人赞叹。在同色相配色中,如果色彩明度差太小,会使色彩效果显得单调、呆滞,并产生阴沉、不调和的感觉。所以宜在明度、纯度变化上作长距离配置,才会有活泼的感觉,富于情趣(图7-4)。

✿ 图7-4 同类色相配色

（二）邻近色相配色

在色环上色距很近的颜色相配,得到类似且调和的颜色,如红与橙,黄与绿。一般情况下,大部分邻近色的配色效果都给人以和谐、甘美、清雅的享受,很容易产生柔和、浪漫、唯美、共鸣和文质彬彬的视觉感受,如花卉中的半枝莲,在盛花期有红、洋红、黄、金黄、金红以及白色等花色,异常艳丽,却又十分协调。观叶植物叶色变化丰富,多为邻近色,利用其深浅明暗的色调,可以组成细致调和有深厚意境的景观。在园林景观设计中邻近色的处理大量应用,富于变化,能使不同环境之间的色彩自然过渡,容易取得协调生动的景观效果（图7-5）。

✿ 图7-5　邻近色相配色

（三）对比色相配色

俗语说:红花还要绿叶衬。对比色相颜色差异大,能产生强烈的对比,易使环境形成明显、华丽、明朗、爽快、活跃的情感效果,强调了环境的表现力和动态感。如果对比色都属于高纯度的颜色,对比会显得非常强烈,刺眼而炫目,使人有种不舒服、不和谐的感觉,因而在园林景观设计中应用不多。较多地是选用邻近色对比,用明度和纯度加以调和,缓解其强烈的冲突。同一个园林景观空间里,对比应有主次之分,这样能协调整体的视觉感受,并突出色彩带给人的视觉冲击。如万绿丛中一点红,就比相等面积的绿或红更能给人以美感。对比色的处理在植物配置中最典型的例子是:桃红柳绿、绿叶红花,能

取得明快而烂漫的对比效果。对比色也常用于要求提高游人注意力和给游人以深刻印象的场合。有时为了强调重点,常运用对比色,会使主次分明,效果显著（图7-6）。

✿ 图7-6　对比色相配色

（四）多色相配色

园林景观是多彩的世界,多色相配色在园林景观中用得比较广泛。多色处理的典型是色块的镶嵌应用,即以大小不同的色块镶嵌起来,如暗绿色的密林、黄绿色的草坪、金黄色的花地、红白相间的花坛和闪光的水面等组织在一起。将不同色彩的植物镶嵌在草坪上、护坡上、花坛中都能起到良好的效果。渐层也是多色处理的一种常用方法,即某一色相由浅到深,由明到暗或相反的变化,给人以柔和、宁静的感受,或由一种色相逐渐转变为另一种色相,甚至转变为对比色相,显得既调和又生动:在具体配色时,应把色相变化过程划分成若干个色阶,取其相间1 ~ 2个色阶的颜色搭配在一起,不宜取相隔太近或太远的,太近了渐层不明显,太远了又失去渐层的意义。渐层配色方法适用于园林景观中花坛布置、建筑以及园林景观空间色彩转换。多色处理极富变化,要根据园林景观本身的性质、环境和要求进行艺术配置,尤以植物的配置最为重要。为营造花期不尽相同而又有季相变化的景观时,可利用牡丹、棣棠、木槿、月季、锦带花、黄刺玫等;营造春华秋实景观时,可利用玫瑰、牡丹、金银木、香荚迷等;营造四季花景时,可利用广玉兰与牡丹、山茶、荷花、睡莲等配置,会出现春天牡丹怒放、炎夏荷花盛开、仲夏玉兰

飘香、隆冬山茶吐艳的迷人效果。在植物选择上，或雄伟挺拔，或姿态优美，或绚丽多彩，或有芳香艳美的花朵，或有秀丽的叶形，或具艳丽奇特的果实，或四季常青，观赏特色各不相同，既有乔木又有灌木、草本类，既有花木类又有果木类，既要考虑色彩的协调又要注意不同时令的衔接（图7-7）。

⊕ 图7-7　多色相配色

四、园林景观空间色彩构图艺术

（一）园林景观色彩构图法则

1．均衡性法则

均衡性法则是指多种园林景观色彩所形成的一种视觉和心理上的平衡感与稳定感。让色彩在感觉上有生命、有律动、有呼应的协调的动态平衡。均衡与园林景观色彩的许多特性的利用有着很大的关系，如色相的比较、面积的大小、位置的远近、明度的高低、纯度的变化等，都是求得均衡的重要条件。

2．律动的法则

律动的特性是有方向性、有动感、有顺序、有组织，景循境出。律动能让人看到有序的变化，使人感到生机，从而增添游兴。

3．强调的法则

园林景观或其某一局部，必然有一主题或重心，如"万绿丛中一点红"，就能够突出表现"红"。主题或重心的表现是园林景观设计的精髓之所在，主题必须鲜明，起到主导作用，而陪衬的背景不可喧宾夺主。

4．比例的法则

园林景观色彩各部分量的比例关系也是其构图要考虑的重要因素。如构成园林景观色彩各部分的上下、多少、大小、内外、高低、左右等，以及色相、冷暖、面积、明度、纯度等的搭配，保持一定的比例可以给人一种舒服、协调的美感。

5．反复的法则

反复是将同样的色彩重复使用，以达到强调和加深印象的作用。反复可以是单一色彩，也可以是组合方式或系统方式变化的反复，以避免构图出现单调、呆滞的效果。色彩的反复可以在广场、草地等大面积或较长的绿化带上应用。

6．渐进或晕退的法则

渐进是将色彩的纯度、明度、色相等按比例地逐渐变化，使色彩呈现一系列的秩序性延展，呈现出流动的韵律美感，轻柔而典雅。晕退则是把色彩的浓度、明度、纯度或色相做均匀的晕染而推进色彩的变化，与渐进有异曲同工之妙。渐进或晕退可用于广场、道路景观、建筑物、花卉摆放等场所。

（二）园林景观构图要考虑的主要因素

1．园林景观的性质、环境和景观要求

不同性质、环境和景观要求的园林，在色彩的应用上是不同的，要呈现出不同的特色，只有将三者巧妙结合方能和谐而完美。这个特色主要是通过景物的布置和色彩的表现来实现的，在进行园林景观色彩构图时，必须将两者结合起来考虑。公园类园林景观设计，应以自然景观为主，基本色彩多为淡雅而自然的色调，不用或少用对比强烈的色彩。所用色彩素材主要是天然色彩材料。陵园类园林景观则要显得庄重、肃穆，布局方式较为规整，普遍栽植常绿的针叶树，色彩的应用上要突出表现陵墓的悲情、

沉重感。街道、居民小区的园林绿化,在种植绿色植物改善环境的同时,还要考虑到人们休闲、娱乐的需求,要用到能营造轻松、明快、和谐、洁净、安逸、柔美等视觉效果的配色方案。

2. 游客对象

不同情况下,人们的心理需要是不同的。在寒冷的地方,暖色调能使人感到温暖,在喜庆的节日和文化活动娱乐场所也宜用暖色调,能使人感到热烈和兴奋。冷色调能使人感到清爽而宁静,在炎热的地方人们喜欢冷色调,在宁静的环境中也宜用冷色调。在园林景观设计中既要有热烈欢快的场所,亦要有幽深安静的环境来满足游人的不同心理需求,使空间富于动静的变化。

3. 确定主调、基调和配调

因游人在园林景观中是处于动态观赏的状态,景物需要不断地变化,在色彩上应找出贯穿在变换的景物中的主体色调,以便使整个园林景物统一起来。所以在园林景观的色彩构图中,要确定主调、基调和配调。主调、基调一般贯穿于整个园林景观空间,配调则有一定变化;主调要突出,基调、配调则起烘云托月、相得益彰的作用;基调取决于自然,地面一般以植被的绿色为基调,在构图中重要的是选择主色调和配色调。主调因所选对象不同,有的色彩基本不变,如武夷山的"丹霞赤壁"、云南的"石林"等无生命的山石、建筑物,不会或很少发生变化;而有生命的植物色彩,如花、叶、果等往往随着季相变化而变化。配调对主调起陪衬或烘托的作用,因而色彩的配调主要从以下两个方面考虑:①用邻近色从正面强调主色调,对主色调起辅助作用;②用对比色从反面衬托主色调,使主色调由于对比而得到加强。

五、园林景观色彩设计的特殊性

不同于建筑、服装、工业产品等的色彩设计,植物是园林景观设计中的主要造景元素,所以在大部分园林景观中尤其是城市公园、绿地中都是以绿色为基调色的,而建筑、小品、铺装、水体等景观元素的色彩是作为点缀色而出现的。但在一些以硬质铺装为主的广场和主要的休息活动场地,铺装、水体、建筑、小品等所承载的色彩在园林景观色彩构成中发挥着主要的作用,而植物色彩的作用则退居其次。但不管是以绿色为主基调,还是以其他颜色为主基调,园林景观色彩设计都要遵循色彩学的基本原理,运用色彩的对比和调和规律,以创造和谐、优美的色彩为目标。

六、对园林景观色彩设计的几点建议

通过以上分析,我们可以看出园林景观中的色彩设计最重要的就是把园林景观中的天空、水体、山石、植物、建筑、小品、铺装等色彩的物质载体进行组合,以期得到理想中的色彩配置方案。但在按照色彩的设计原则进行色彩设计时往往要考虑多方面的因素,如色彩的心理、生理感知,光线的变化,气候的因子,场地的地理特色、气候因素,材料的特性,民族与国家的风俗和偏好、文化宗教的影响等。此外还要考虑使用中的场地性质对于色彩的要求,使用者的兴趣、爱好等。更重要的是,色彩设计本身就带有设计者很强的主观意愿,在很大程度上是设计师个人意志的体现。

由此我们可以看出,园林景观中的色彩设计是由多方面的因素决定的,既受到来自客观的自然因素的限制,又有来自于主观的影响。想要总结其一般规律相对来说比较困难,但不管限制的因素有多大,色彩设计终归属于造型艺术的一种,它的最终目的就是要使整体色彩协调统一,实现视觉上的美感。通过对园林景观色彩设计一般规律的总结,对园林景观艺术工作者提出以下几点建议。

(1)园林景观的配色,首先必须使环境的整体色调统一起来。若要统一,色彩必须有主次之分,这样就产生了如何处理园林景观中支配色的问题。支配色虽然不一定在任何时候都必须和周围环境取得一致的调和,但必须保持某种调和的关系。支配色对色相、明度都要考虑。广场、公园、绿地中,从整体来看都是以深浅不同的绿色植物组合作为支配色的,其他的景观元素的色彩(建筑外墙、铺地、水体、小品等)一般都是穿插其间作为点缀色而出现的。但在一些主要活动场所,植物材料的比重可以有所降低,其他的硬质元素的数量增大,这时从局部来看,绿色就会成为背景色和点缀色,而其他的景观元素的色彩成为支配色。住宅、商业、工厂、学校、展览等各类建筑周围的广场、绿地一般面积不会太大,尤其是对于一些面积较小的场地,设计师更加可以发挥色彩的平面或立体的造型能力,突破绿色的限制,像绘画一样自由地组织色彩(当面积较大时,还是要以绿色为主)。但这并不是说绿色就不可以成为支配色,而是把植物和其他的景观元素放在同样重要的地位来布置园林景观的色彩构图,究竟哪一种色彩处于支配地位是由设计所追求的色彩效果决定的,这时从整体来看,往往要考虑周围建筑的色彩,使用与其调和的色彩作为支配色。

(2)不管是绿色作为支配色,还是其他色彩作为支配色,在研究色彩的组合时,应尽量从大面积和大单元来考虑。例如,当一块场地以绿色为基调色时,我们可以先考虑使中间道路的颜色和绿色取得调和,再逐步深化其他景观元素的色彩以取得对比与调和,接着还要深入考虑不同深浅的绿色是否有

对比、整体是否调和、整体是否有冷暖、设色面积是否合适、铺地的颜色是否丰富、明度和彩度是否符合场地气氛、是否还要加入其他的花卉颜色等。总而言之,园林景观色彩设计不管追求的风格怎样,从开始到结束都要贯彻对比和调和的设计原则,满足视觉平衡的要求。当然在不断深入地刻画过程中,也要考虑其他因素发挥的作用,如光、材质、心理、生理、气候、文化等。园林景观色彩设计其实同绘画一样,是一个不断深化、不断比较的过程。我们做设计时应准备多个方案,利用草图多进行比较分析,从多个方案中选取最合适的一个。

(3)在园林景观中,我们可以利用色彩的造型能力,使景观小品或建筑成为视线的焦点或成为景观的标识,但不管这样的装饰色彩多么优美,前提都需要与周围的环境相互协调。但这样的装饰色从整体的色彩调和来看,都有过度的情况,因此我们在选择其色彩时,务必谨慎。

如果说"逻辑"是设计的"脚",那我们可以说"感知"是景观设计的"翅膀"。色彩作为自然界最敏感的元素,是那样的变幻莫测和难以控制,却又是那样的容易感受到它的存在,正是由于它的多样性,为我们对它的探知蒙上了一层神秘而理想的面纱。我们应最大可能地放飞"感知"的翅膀,使色彩向人们释放它全部的魅力。

第八章 园林工程建设管理

第一节 园林工程的概、预算

一、园林工程的概、预算概述

（一）概算

按我国基本建设程序，园林建设工程项目在初步设计阶段应编制设计概算，如作技术设计还须编制修正设计概算，在施工图阶段应编制施工图预算。概算作为设计文件的组成部分，一经批准即成为控制园林建设项目投资的最高限额。它也是建设单位编制投资计划、安排设备订货和委托施工以及设计单位考核设计方案的经济性和控制施工图预算的依据。概算也是签订承包合同和办理工程结算的依据，是施工单位编制生产计划和进行经济核算，考核经营成果的依据。在实行招标承包制的情况下，概（预）算就成为招标单位确定标底和投标单位投标报价的重要依据。

（二）预算

单位工程施工图预算，是将已批准的施工图和既定的施工方法，按照国家或省、市颁发的工程量计算规则，计算出分部分项工程量，并逐项套用相应的现行预算定额，累计其全部直接费。再根据规定的各项费用的取费标准，计算出所需的施工管理费、独立费和利润，最后综合计算出该单位工程的造价。另外，根据分项工程量分析材料和人工用量，并汇总各种材料和人工总用量。

（三）园林建设项目的划分

一个园林工程建设项目是由多个基本的分项工程构成，为了便于对工程进行管理，使工程预算项目与预算定额中项目一致，在交工验收时有据可依，对工程项目进行划分，一般可分为如下几类。

（1）建设工程总项目。这是指在一个场地上或数个场地上，按照一个总体设计进行施工的各个工程项目的总和。

（2）单项工程。这是指在一个工程项目中，具有独立的设计文件，竣工后可以独立发挥生产能力或工程效益的工程。它是工程项目的组成部分，一个工程项目中可以有几个单项工程，也可以只有一个单项工程。

（3）单位工程。这是指具有单独的设计文件，可以进行独立施工，可以作为单独成本计算对象，但不能单独发挥作用的工程。它是单项工程的组成部分。

（4）分部工程。这一般是指按单位工程的各个部位或是按照使用不同的工种、材料和施工机械而划分的工程项目。它是单位工程的组成部分。

（5）分项工程。这是指分部工程中按照不同的施工方法、不同的材料、不同的规格等因素而进一步划分的最基本的工程项目。它是工程质量管理的基础和基元。

（四）园林建设工程概算与预算的分类

园林建设工程概算与预算可分为设计概算、施工图预算、施工预算三类。

（五）园林建设工程的费用组成

园林建设工程费用是由直接费、施工管理费、独立费和利润四部分组成。

（1）直接费。是指直接用于园林工程上的，并能区分和直接计入分部、分项工程或结构构件价值中的各种费用。包括人工费、材料费、施工机械费和其他直接费。

（2）施工管理费（又称间接费）。是指为组织和管理园林工程施工所发生的各项管理费用。这些费用不能区分和直接计入单位工程分部分项工程价值中，只能按照规定的计算基础和取费率计算，间接地摊入单位工程价值中，其内容包括：工作人员的工资、生产工人辅助工资、工资附加费、办公费、差旅交通费、固定资产使用费、工具用具使用费、劳动保护费、检验试验费、职工教育经费、利息支出、上级管理费及其他费用。

（3）独立费。是指为进行园林工程施工需要而发生的，但又不包括在工程的直接费和施工管理费范围之内，具有特定用途的其他工程费用。这类费用，在编制概算时，称为其他工程费；在编制预算时，称为独立费。具体包括：远程工程增加费、冬雨期施工增加费、夜间施工增加费、预算包干费、临时设施费、施工机构迁移费、劳保支出费和技术装备费。

（4）利润。是指国家规定的国营建筑企业完成建筑工程后计取的法定利润。

直接费、施工管理费和独立费用中远征工程费、冬雨期施工增加费、夜间施工增加费、预算包干费，构成工程预算成本计算法定利润的基础。工程预算成本应属于专用基金的独立费用和法定利润，构成工程预算造价。

二、园林工程定额的编制

（一）园林工程定额的概述、分类

（1）园林工程定额是指按国家有关产品标准、设计标准、施工质量验收标准（规范）等确定的施工过程中完成规定计量单位产品所消耗的人工、材料、机械等消耗量的标准。

（2）园林工程定额的分类。

按照反映的物质消耗的内容，可将定额分为人工消耗定额、材料消耗定额和机械消耗定额。

按照用途，可将定额分为基础定额或预算定额、概算定额（指标）、估算指标。

（二）预算定额的内容和编排形式、编制依据与编制程序

1．预算定额的内容

预算定额分总说明、分章定额两部分。总说明中主要包含以下几点。

（1）本定额主要内容及适用范围。

（2）本定额编制依据。

（3）本定额的功能。

（4）本定额所列的施工条件。

（5）本定额各项目的工作内容（包括范围）。

（6）关于工日耗用量的说明。

（7）关于材料量的说明。

（8）关于施工机械量的说明。

（9）关于水平及垂直运输的说明。

（10）本定额中人工费、材料费、机械费计算的依据。

分章定额包括说明、工程量计算规则、分项子目定额表等。

2．编排形式

园林预算定额的编排形式是以分部分项工程来划分的。园林工程分为四个分部：园林绿化工程、堆砌假山及塑石山工程、园路及园桥工程、园林小品工程。每个分部工程中又分为若干个分项工程，而每个分项工程中又分为若干个子目，每个子目有一个编号，编号为 ×-×××，前位数为分部工程序号，后位数为该分部工程中子目序号。

3．编制依据

预算定额的编制依据主要有以下几点。

（1）施工图纸。

（2）国家或省、市颁发的建筑工程预算定额。

（3）地区已批准的材料预算价格。

（4）单位估价表。

（5）国家或省、市制定的工程量计算规则。

（6）国家或省、市规定的各类取费标准。

（7）施工组织设计（施工方案）或技术组织措施等。

（8）工具书和有关手册。

4．编制程序预算的步骤

（1）熟悉工程施工图。

（2）划分工程的分部、分项子目。

（3）计算各分项子目的工程量。

（4）计算工程直接费。

（5）计算管理费及工程造价。

（6）计算主要材料用量。

（7）预算书的审核。

三、园林工程预算、工程量计算规则和方法

园林工程分为园林绿化工程、堆砌假山及塑石山工程、园路及园桥工程和园林小品工程，其计算规则和方法如下。

（一）园林绿化工程工程量计算规则和方法

整理绿化地及起挖乔木（带土球）。整理绿化地工程量，按整理绿化地面积计算。起挖乔木（带土球）工程量，按不同土球直径，以起挖乔木（带土球）的株数计算。

栽植乔木（带土球）：按不同土球直径，以栽植乔木（带土球）的株数计算。

起挖乔木（裸根）：按不同树干胸径，以起挖乔木（裸根）的株数计算。树干胸径是指离地 1.2m 处的树干直径。

栽植乔木（裸根）：按不同树干胸径，以栽植乔木（裸根）的株数计算。

起挖灌木（带土球）：按不同土球直径，以起挖灌木（带土球）的株数计算。

栽植灌木（带土球）：按不同土球直径，以栽植灌木（带土球）的株数计算。

起挖灌木（裸根）：按不同冠丛高度，以起挖灌木（裸根）的株数计算。

栽植灌木（裸根）：按不同冠丛高度，以栽植灌木（裸根）的株数计算。

起挖竹类（散生竹）：按不同竹类胸径，以起挖竹类（散生竹）的株数计算。

栽植竹类（散生竹）：按不同竹类胸径，以栽植竹类（散生竹）的株数计算。

起挖竹类（丛生竹）：按不同竹类根盘丛径，以起挖竹类（丛生竹）的丛数计算。

栽植竹类（丛生竹）：按不同竹类根盘丛径，以栽植竹类（丛生竹）的丛数计算。

栽植绿篱：按不同绿篱排数、绿篱高度，以栽植绿篱的长度计算。

露地花卉栽植：按不同花卉种类、花坛图案形式，以露地花卉栽植的面积计算。

草皮铺种：按不同铺种形式，以草皮铺种的面积计算。

栽植水生植物：按不同水生植物，以栽植水生植物的株数计算。

树木支撑：按不同桩的材料、桩的脚数及长短，以树木支撑的株数计算。

草绳绕树干：按不同树干胸径，以草绳绕树干的长度计算。

栽种攀缘植物：按不同攀缘植物生长年数，以栽种攀缘植物的株数计算。

假植：假植乔木（裸根），按不同树干胸径，以假植乔木（裸根）的株数计算。假植灌木（裸根）。按不同冠丛高度，以假植乔木（裸根）的株数计算。

人工换土：按不同乔、灌木的土球直径，以人工换土的乔、灌木的株数计算。如乔木裸根，则按不同乔木胸径，以乔木（裸根）的株数计算。如灌木裸根，则按不同乔木冠丛高度，以灌木（裸根）的株数计算。

（二）砌假山塑石山的计算规则与方法

1．堆砌假山

湖石假山、黄石假山、整块湖石峰、人造湖石峰、人造黄石峰工程量，均按不同高度，以实际堆砌的石料重量计算。笋安装工程量，按不同高度，以石笋安装的重量计算。土山点石工程量，按不同土山高度，以点石的重量计算。布置景石工程量，按不同景石重量，以布置景石的重量计算。自然式护岸工程量，按护岸石料的重量计算。

$$堆砌石料重量 = 进料验收石料重量$$
$$- 石料剩余重量$$

2．塑石假山

砖骨架塑假山工程量，按不同假山高度，以塑假山的外围表面积计算。钢骨架钢网塑假山工程量，按其外围表面积计算。

（三）园路及园桥工程量计算规则和方法

（1）园路路床。园路土基整理路床工程量，按整理路床的面积计算。

（2）园路基础垫层。按不同垫层材料，以垫层的体积计算。

（3）园路路面。按不同路面材料及其厚度，以路面的面积计算。

（4）园桥。毛石基础、条石桥墩工程量，均按其体积计算。桥台、护坡工程量，按不同石料，以其体积计算。石桥面工程量，按桥面的面积计算。

（四）小品工程量计算规则和方法

1．堆塑装饰

塑松（杉）树皮、塑竹节竹片、壁画面工程量，均按其展开面积计算。预制塑松根、塑松皮柱、塑黄竹、塑金丝竹工程量，按不同直径，以其长度计算。

2．小型设施（水磨石件）

白色水磨石景窗现场抹灰、预制、安装工程量，均按不同景窗构件断面积，以景窗的长度计算。白色水磨石平板凳预制、现浇工程量，均按其长度计

算。白色水磨石花檐、角花、博古架预制、安装工程量，均按其长度计算。水磨木纹板、水磨原色木纹板制作、安装工程量，均按木纹板的面积计算。白色水磨石飞来椅制作工程量，按飞来椅的长度计算。

3．小型设施（小摆设、栏杆）

砖砌园林小摆设工程量，按砖砌体的体积计算。砖砌园林小摆设抹灰工程量，按实际抹灰面积计算。预制混凝土花色栏杆制作工程量，按不同栏杆断面尺寸、栏杆高度，以混凝土花式栏杆的长度计算。

4．小型设施（金属栏杆）

金属花色栏杆制作工程量，按栏杆花色的简繁，以金属花色栏杆的长度计算。花色栏杆安装工程，按不同栏杆材质，以花色栏杆安装的长度计算。

第二节　园林工程的招投标

一、工程承包活动的基本知识

（一）工程承包的概念和内容

工程承包是指工程发包方（一般指招标方）与承包方（一般指投标中标方）两者之间经济关系的形式。承包方式有多种多样，受承包内容和具体环境条件的制约。

按承包范围（内容）划分承包方式有建设全过程承包、阶段承包、专项承包和"建造—经营—转让"承包四种。

按承包者所处地位划分承包方式有总承包、分承包、独立承包、联合承包、直接承包五种。

承包商具备的基本条件有：营业执照、资质证书、资信证明。

（二）工程招标

园林建设工程实行招投标，有利于开展公平竞争，并推动园林工程行业快速、稳步发展，有利于鼓

励先进、鞭策后进,淘汰陈旧、低效的技术与管理办法,使园林工程得到科学有效的控制和管理,使产品得到社会承认,从而完成施工生产计划并实现盈利。为此,承包单位必须具备一定的条件,才有可能在投标竞争中获胜,为招标单位所选中。这些条件主要是:一定的技术、经济实力和施工管理经验,足能胜任承包任务的能力;效率高;价格合理;信誉良好。我国园林工程施工招标工作一般由业主(建设单位)负责组织,或者由业主委托工程咨询公司、工程监理公司代理组织。如果业主委托监理单位参加工程项目的施工招标工作,参与招标的监理工程师必须熟悉施工招标的业务工作。

(三)工程招投标应具备的条件

1．招标单位应具备的条件

招标单位必须是法人或依法成立的其他组织;必须履行报批手续并取得批准;项目资金或资金来源已经落实;有与招标工程相适应的经济、技术管理人员;有组织编制招标文件的能力;有审查投标单位资质的能力;有组织开标、评标、定标的能力。

2．招标项目应具备的条件

招标项目应具备的条件:项目概算已经批准;项目已列入国家、部门或地方的年度固定资产投资计划;建设用地的征用工作已经完成;有能够满足施工要求的施工图纸及技术资料;建设资金和主要建筑材料、设备的来源已经落实。已经项目所在地规划部门批准,施工现场的"三通一平"已经完成或一并列入施工招标范围。

3．投标条件

投标人是响应招标、参加投标竞争的法人或其他组织。招标人的任何不具独立法人资格的附属机构(单位),或者为招标项目的前期或监理工作提供设计、咨询服务的任何法人及其任何附属机构(单位),都无资格参加该招标项目的投标。两个以上法人或者其他组织可以组成一个联合体,以一个投标人的身份共同投标。联合体各方签订共同投标协议

后,不得再以自己的名义单独投标,也不得组成新的联合体或参加其他联合体在同一项目中投标。联合体各方必须指定牵头人,授权其代表所有联合体成员投标和合同实施阶段的主办、协调工作,并应向招标人提交所有联合体成员法定代表人签署的授权书。

(四)招标方式

1．公开招标

国务院发展计划部门确定的国家重点建设项目和各省、自治区、直辖市人民政府确定的地方重点建设项目,以及全部使用国有资金投资或者国有资金投资占控股或者主导地位的工程建设项目,应当公开招标。

2．邀请招标

有下列情况之一者,经批准可以进行邀请招标。

受自然地域环境限制的。

项目技术复杂或有特殊要求,只有少量几家潜在投标人可供选择的。

涉及国家安全、国家秘密或者抢险救灾,适宜招标但不宜公开招标的。

拟公开招标的费用与项目的价值相比,不值得公开招标的。

法律、法规规定不宜公开招标的。

3．协商议标

有下列情况之一者,经批准可以不进行施工招标。

涉及国家安全、国家秘密或者抢险救灾而不适宜招标的。

属于利用扶贫资金实行以工代赈,需要使用农民工的。

施工主要技术采用特定的专利或者专有技术的。

施工企业自建自用的工程,且该施工企业资质等级符合工程要求的。

在建工程追加的附属小型工程或者主体加层工程,原中标人仍具备承包能力的。

法律、法规规定的其他情形。

不需要审批但依法必须招标的工程建设项目，有前款规定情形之一者。

（五）开标、评标和决标

1. 开标

开标应按招标文件中确定的提交投标文件截止时间公开进行。开标地点应当为招标文件中确定的地点。投标文件有下列情形之一者，招标人不予受理。

（1）逾期送达的或者未送达指定地点的。

（2）未按招标文件要求密封的。

投标文件有下列情形之一的，由评标委员会初审后按废标处理。

（1）无单位盖章并无法定代表人或法定代表人授权的代理人签字或盖章的。

（2）投标人递交的格式填写，内容不全或关键字迹模糊，无法辨认的。

（3）投标人递交两份或多份内容不同的投标文件，或在一份投标文件中对一招标项目有两个或多个报价，且未声明哪一个有效，按招标文件规定提交备选投标方案的除外。

（4）投标人名称或组织结构与资格预审时不一致的。

（5）未按招标文件要求提交投标保证金的。

（6）联合体投标未附联合体各方共同投标协议的。

2. 评标

评标由招标人依法组建的评标委员会负责。评标委员会由招标人的代表和有关技术、经济等方面的专家组成，成员人数为5人以上单数。其中招标人、招标代理机构以外的技术、经济等方面的专家不得少于成员总数的2/3。评标委员会的专家成员，应当由招标人从建设行政主管部门及其他相关政府部门确定的专家名册或者工程招标代理机构的专家库内相关专业的专家名单中确定。评标委员会可以书面方式要求投标人对投标文件中含义不明确、对同类

问题表达不一致或者有明显文字和计算错误的内容作必要的澄清、说明或补正。评标委员会不得向投标人提出带暗示性、诱导性的问题，或问其明确投标文件中的遗漏和错误。评标委员会在对实质上响应招标文件要求的投标进行报价评估时，除招标文件另有约定外，应当按下述原则进行修正。

数字表示的数额与文字表示的不一致时，以文字数额为准。

单价与工程量的乘积与总价之间不一致时，以单价为准。若单价有明显的小数点错位，应以总价为准，并修改单价。

招标人设有标底的，标底在评标中应当作为参考，但不得作为评标的唯一依据。

评标委员会完成评标后，应向招标人提出书面评标报告。评标报告由评标委员会全体成员签字。评标委员会推荐的中标候选人应当限定1~3人，并标明排列顺序。

3. 定标

评标委员会提出书面评标报告后，招标人应当在15日内确定中标人，最迟应当在投标有效期结束日30日前确定。招标人应当接受评标委员会推荐的中标候选人，不得在评标委员会推荐的中标候选人之外确定中标人。招标人应当确定排名第一的中标候选人为中标人。排名第一的中标候选人放弃中标、因不可抗力提出不能履行合同，或者招标文件规定应当提交履约保证金而在规定的期限内未能提交的，招标可以确定排名第二的中标候选人为中标人。排名第二的中标候选人因上述同样原因不能签订合同的，招标人可以确定排名第三的中标候选人为中标人。

招标人可以授权评标委员会直接确定中标人。

中标通知书由招标人发出。

招标人和中标人应当自中标通知书发出之日起30日内，按照招标文件和中标人的投标文件订立书面合同。招标人和中标人不得再行订立背离合同实质性内容的其他协议。

招标人与中标人签订合同5个工作日内，应当

向未中标的投标人退还投标保证金。

招标人应当自发出中标通知书之日起15日内，向有关行政监督部门提交招标投标情况的书面报告。书面报告至少应当包括下列内容。

招标范围。

招标方式和发布招标公告的媒介。

招标文件中投标人须知、技术条款、评标标准和方法、合同主要条款等内容。

评标委员会的组成和评标报告。

中标结果。

招标人不得直接指定分包人，如发现中标人转包或违法分包时，可要求中标人改正；拒不改正的，可终止合同，并报请有关行政监督部门查处。

（六）招标程序

在中国，依法必须进行施工招标的工程，一般应遵循下列程序。

（1）招标单位自行办理招标事宜的，应当建立专门的招标工作机构。

（2）招标单位在发布招标公告或发出投标邀请书的5日前，向工程所在地县级以上地方人民政府建设行政主管部门备案，并报送以下材料。

① 按照国家有关规定办理审批手续的各项批准文件。

② 前条所列包括专业技术人员名单、职称证书或者执业资格证书及工作经历等的证明材料。

③ 法律、法规、规章规定的其他材料。

（3）准备招标文件和标底，报建设行政主管部门审核或备案。

（4）发布招标公告或发出投标邀请书。

（5）投标单位申请投标。

（6）招标单位审查申请投标单位的资格，并将审查结果通知申请投标单位。

（7）向合格的投标单位分发招标文件。

（8）组织投标单位踏勘现场，召开答疑会，解答投标单位就招标文件提出的问题。

（9）建立评标组织，制定评标、定标办法。

（10）召开开标会，当场开标。

（11）组织评标，决定中标单位。

（12）发出中标和未中标通知书，收回发给未中标单位的图纸和技术资料，退还投标保证金等。

（13）招标单位与中标单位签订施工承包合同。

（七）招标工作机构

招标工作机构的组织原则应体现经济责任制和讲求效率。招标工作机构通常由三类人组成。决策人，即主管部门任命的建设单位负责人或其授予权的代表。专业技术人员，包括建筑师，结构、设备、工艺等专业工程师和造价工程师等。助理人员，即决策和专业技术人员的助手，包括秘书、资料、档案、计算、绘图、信息管理等工作人员。

（八）标底和招标文件

标底实质上是业主单位对招标工程的预期价格，其作用，一是使建设单位（业主）预先明确自己在招标工程上应承担的财务义务；二是作为衡量投标报价的准绳，也就是评标的主要尺度之一；同时也可作为上级主管部门核实投资规模的依据。标底可由招标单位自行编制，也可委托招标代理机构或造价咨询机构编制。招标文件是作为建筑产品需求者的建设单位（招标人）向潜在的生产——供给者（承包商）详细阐明其购买意图的一系列文件，也是投标人对招标人的意图作出响应、编制投标书的客观依据。

二、工程施工投标

（一）投标工作机构

投标工作机构是为了在投标竞争中获胜，园林施工企业为投标而专门设置的，平时掌握市场动态信息，积累有关资料；遇有招标工程项目，则办理参加投标手续，研究投标报价策略，编制和递送投标文件，以及参加定标前后的谈判等，直至定标后签订合同协议。

1．投标程序

投标程序：掌握招标信息—申请参加投标—办理资格预审—取得招标文件—研究招标文件—调查投标环境—确定投标策略—制定施工方案—编制标书—投送标书。

2．投标资格预审

投标资格预审是先由招标单位或委托的招标代理机构发布投标人资格预审公告，有兴趣投标的单位提出资格预审申请，按招标单位要求填表报资格预审文件，经审查合格者即可获取招标文件，参加投标。住房和城乡建设部批准的《投标申请人资格预审文件》包括"投标申请人资格预审须知""投标申请人资格预审申请书"和"投标申请人资格预审合格通知书"三部分。

3．投标准备工作

投标准备工作包括以下内容。

（1）研究招标文件。主要研究工程综合说明，熟悉并详细研究设计图纸和规范（技术说明），研究合同主要条款，熟悉投标须知。

（2）调查投标环境。投标环境是指招标工程项目施工的自然、经济和社会条件。在国内主要调查施工现场条件、自然条件、器材供应条件、专业分包的能力和分包条件以及生活必需品的供应情况。在国外，主要调查的有：政治情况、经济条件、法律方面、社会情况、自然条件和市场情况；选择代理人或合作伙伴；办理注册手续。

（二）投标决策与投标策略

1．投标决策

投标决策是在取得招标文件后，调查了投标环境、投标单位，还应考虑业主的资信，也就是经济背景和支付能力及信誉，另外还应考虑工程规模、技术复杂程度、工期要求、场地交通运输和水电通信以及当地自然气候等条件，如果在外部条件上基本可取的情况下，则应根据工程的具体情况考虑企业自身的资金、管理和技术力量、机械设备、同类工程施工

经验等，而这些如果都能基本适应，一般即可作出投标的初步判断。

2．投标策略

投标策略是指导投标全过程的活动。正确的策略，来自经验的积累和对客观规律的认识以及对具体情况的了解；同时决策者的能力和魄力也是不可缺少的。通常有这几种：靠经营管理水平高取胜；靠改进设计取胜；靠缩短建设工期取胜；低价政策取胜；虽报低价，却着眼于施工索赔，从而得到高额利润；着眼于发展，为争取将来的优势，而宁愿目前少赚钱。不管哪种方法，它们都不相互排斥，须根据具体情况综合、灵活运用。

（三）制定施工方案

制定施工方案不仅关系到工期，而且与工程成本和报价也有密切关系。一个优良的施工方案，既要采用先进的施工方法，安排合理的工期，又要充分有效地利用机械设备，均衡地安排劳动力和器材进场，以尽可能减少临时设施和资金占有。施工方案应由投标单位技术负责人主持制定，主要包括施工的总体部署和场地总平面布置；施工总进度和单项（单位）工程进度；主要施工方法；主要施工机械设备数量及其配置；劳动力数量、来源及其配置；主要材料需用量、来源及分批进场的时间安排；自采砂石和自制构配件的生产工艺及机械设备；大宗材料和大型机械设备的运输方式；现场水电需用量、来源及供水、供电设施；临时设施数量和标准。

（四）报价

报价是投标全过程的核心工作，不仅是能否中标的关键，而且对中标后履行合同能否盈利和盈利多少，也在很大程度上起着决定性的作用。投标报价以工程量清单计价方式进行，报价范围为投标人在投标文件中提出要求支付的各项金额的总和。报价的内容就是园林工程费的全部内容。具体包括直接工程费、间接费、利润、税金。

熟悉施工方案，核算工程量，选用工料，机械消耗定额，确定分部分项工程单价，确定现场经费，间

接费率和预期利润率是报价的基础工作,完成基础工作后,经过报价决策分析,作出报价决策,即可编制报价单。

三、园林工程施工承包合同

园林工程施工合同是指发包人与承包人之间为完成商定的园林工程施工项目,确定双方权利和义务的协议。依据工程施工合同,承包方完成一定的种植、建筑和安装工程任务,发包人应提供必要的施工条件并支付工程价款。园林工程施工合同具有以下显著特点。

1. 合同目标的特殊性

园林工程施工合同中的各类建筑物、植物产品,其基础部分与大地相连,不能移动。这就决定了每个施工合同中的项目都是特殊的,相互间具有不可替代性,植物、建筑所在地就是施工生产场地,施工队伍、施工机械必须围绕建筑产品不断移动。

2. 园林工程合同履行期限的长期性

在园林工程建设中植物、建筑物的施工,由于材料类型多、施工前期准备工作量大,耗时长,且合同履行期又长于施工工期,而施工工期是在正式开工之日起计算的,因此,在园林工程施工合同签订时,工期需加上开工前施工准备时间和竣工验收后的结算及保修期的时间,特别是对植物产品的管护工作需要更长的时间。此外,在工程的施工过程中,还可能因为不可抗力、工程变更、材料供应不及时等原因导致工期顺延。

3. 园林工程施工合同内容的多样性

园林工程施工合同除了具备合同的一般内容外,还应对安全施工、专利技术使用、发现地下障碍和文物、工程分包、不可抗力、工程设计变更、材料设备的供应、运输、验收等内容作出规定,在施工合同的履行过程中,除施工企业与发包人的合同关系外,还应涉及与劳务人员的劳动关系、与保险公司的保险关系、与材料设备供应商的买卖关系、与运输企业的运输关系等。所有这些,都决定了施工合同的内容具有多样性和复杂性的特点。

4. 园林工程合同监督的严格性

由于园林工程施工合同的履行对国家的经济发展、人民的工作、生活和生存环境等都有重大影响,因此,国家对园林工程施工合同的监督是十分严格的。具体体现在以下几个方面。

（1）对合同主体监督的严格性。园林工程施工合同的主体一般只能是法人,发包人一般只能是经过批准进行工程项目建设的法人,必须有国家批准的建设项目,落实投资计划,并且应当具备相应的协调能力,承包人则必须具备法人资格,而且应当具备相应的从事园林工程施工的经济、技术等资质。

（2）对合同订立监督的严格性。考虑到园林工程的重要性和复杂性,在施工过程中经常会发生影响合同履行的纠纷,因此,园林工程施工合同应当采用书面形式。

（3）对合同履行监督的严格性。在园林工程施工合同履行的纠纷中,除了合同当事人及其主管机构应当对合同进行严格的管理外,合同的主管机关(工商行政管理机构)、金融机构、建设行政主管机关(管理机构)等,都要对施工合同的履行进行严格的监督。

第三节　园林工程的施工组织

一、施工组织设计

施工组织设计是以施工项目为对象编制的,用以指导其施工全过程各项施工活动的技术、经济、组织、协调和控制的综合性文件。根据施工项目类型不同,它可分为:施工组织设计大纲、施工组织总设计、单项(位)施工组织设计和分部(项)工程施工设计。

二、园林施工项目管理概述

施工项目管理是指建筑企业运用系统的观点、理论和方法对施工项目进行的决策、计划、组织、控制、协调等全过程的全面管理。施工项目管理有以下主要特点。

（1）施工项目管理的主体是建筑企业。

（2）施工项目管理的对象是施工项目。

（3）施工项目管理的内容是按阶段变化的。

（4）施工项目管理要求强化组织协调工作。

三、园林施工项目进度、质量控制与管理

（一）施工项目进度控制与管理

施工项目进度控制与管理是以现代科学管理原理作为其理论基础的，主要有系统原理、动态控制原理、信息反馈原理、封闭循环原理和弹性原理等。前四个原理说明如下。

（1）系统原理。是用系统的观念来剖析和管理施工项目进度控制活动。进行施工项目进度控制应建立施工项目进度计划系统、施工项目进度组织系统。

（2）动态控制原理。施工项目进度目标的实现是一个随着项目的施工进展以及相关因素的变化不断进行调整的动态控制过程。

（3）信息反馈原理。反馈是控制系统把信息输送出去，又把其作用结果返送回来，并对信息的再输出施加影响，起到控制作用，以达到预期目的。施工项目进度控制的过程实质上是对有关施工活动和进度信息不断搜集、加工、汇总、反馈的过程。

（4）封闭循环原理。封闭循环是指施工由计划、实施、检查、比较、分析、纠偏等环节形成的一个封闭循环回路。施工项目进度控制的全过程是在许多封闭循环中通过不断地调整、修正与纠偏，最终实现总目标。

（二）施工项目质量控制与管理

施工项目质量控制与管理包括施工生产要素的质量控制和施工工序的质量控制。

1．施工生产要素的质量控制

（1）人的控制。人是生产过程的活动主体，其总体素质和个体能力，将决定着一切质量活动的成果，因此，既要把人作为质量控制对象，又要作为其他质量活动的控制动力。

（2）材料的控制。材料是工程施工的物质条件，材料质量是保证工程施工质量的必要条件之一。实施材料的质量控制应抓好材料采购、材料检验、材料的仓储和使用等几个环节。

（3）施工机械设备的控制。施工机械设备是现代建筑施工必不可少的设施，是反映一个施工企业力量强弱的重要方面，对工程项目的施工进度和质量有直接影响。说到底对其质量控制就是使施工机械设备的类型、性能参数与施工现场条件、施工工艺等因素相匹配。建筑设备的控制，应从设备选择采购、设备运输、设备检查、设备安装和设备调试方面考虑。

（4）施工方法的控制。施工方法集中反映在承包商为工程施工所采取的技术方案、工艺流程、检测手段、施工程序安排等。

（5）环境的控制。创造良好的施工环境，对于保证工程质量和施工安全，实现文明施工，树立施工企业的社会形象，都有很重要的作用。施工环境控制，既包括对自然环境特点和规律的了解、限制、改造及利用问题，也包括对管理环境及劳动作业环境的创设活动。

2．施工工序质量控制

工序质量控制就是对工序活动条件即工序活动投入的质量和工序活动效果的质量即分项工程质量的控制。在进行工序质量控制时应着重于以下几方面的工作。

（1）确定工序质量控制工作计划。

（2）主动控制工序活动效果和质量。

（3）及时检验工序活动效果的质量。

（4）设置工序质量控制点（工序管理点），实行重点控制。

（5）施工项目成本、安全控制。

施工项目成本控制，是指项目经理部在项目成本形成的过程中，为控制人、机、材消耗和费用支出，降低工程成本，达到预期的项目成本目标，所进行的成本预测、计划、实施、核算、分析、考核、整理成本资料与编制成本报告等一系列活动。

施工项目安全控制，通常包括安全法规、安全技术、工业卫生。安全法规侧重于"劳动者"的管理、约束，控制劳动者的不安全行为；安全技术侧重于"劳动对象和劳动手段"的管理，清除或减少物的不安全因素；工业卫生侧重于"环境的管理"，以形成良好的劳动条件。施工项目安全控制主要以施工活动中的人、物、环境构成的施工生产体系为对象，建立一个安全的生产体系，确保施工活动的顺利进行。

第四节　园林工程的建设监理

一、园林工程建设监理概述

监理是指有关执行者根据一定的行为准则，对某些行为进行监督管理，使这些行为符合准则要求，并协助行为主体实现其行为目的。

园林工程建设监理是指针对工程项目建设，社会化、专业化的建设工程监理单位接受业主的委托和授权，根据国家批准的工程项目建设文件、有关工程建设的法律、法规和建设工程监理合同，以及其他工程建设合同所进行的旨在实现项目投资目的的微观管理活动。

二、园林工程建设监理的性质

园林工程建设监理是一种特殊的工程建设活动。它与其他工程建设活动有着明显的区别和差异，

这些区别和差异使得园林工程建设监理与其他工程建设活动之间划出了清楚的界线。也正是由于这个原因，园林工程建设监理在建设领域中成为我国一种新的独立行业，它具有服务性、独立性、公正性和科学性。

三、园林工程建设监理与政府工程质量监督的区别

园林工程建设监理与政府工程质量监督都属于工程建设领域的监督管理活动，但是，前者属于社会的、民间的行为，后者属于政府行为。园林工程建设监理是发生在项目组织系统范围内的平等主体之间的横向监督管理，而政府工程质量监督则是组织系统外的监督管理主体对项目系统内的建设行为主体进行的一种纵向监督管理行为。因此它们在性质、执行者、任务、范围、工作深度和广度，以及方法、手段等多方面存在着明显差异。

四、园林工程建设监理业务的委托

园林工程建设监理业务的委托是由工程建设监理特点决定的，是市场经济的必然结果，也是建设监理制的规定。工程建设监理的产生源于市场经济条件下社会的需求，始于业主的委托和授权，而建设监理发展成为一项制度。通过业主委托和授权方式来实施工程建设监理，这与政府对工程建设所进行的行政性监督管理有很大的区别。这种方式也决定了在实施工程建设监理的项目中，业主与监理单位的关系是委托与被委托的关系，授权与被授权的关系；决定了它们是合同关系，是需求与供给关系，是一种委托与服务的关系。这种委托和授权方式说明在实施工程建设监理的过程中，监理工程师的权力主要是由作为建设项目管理主体的业主通过授权而转移过来的。在工程项目建设过程中，业主始终是以建设项目管理主体身份掌握着工程项目建设的决策权，并承担着主要风险。

五、园林工程建设监理的基本方法

园林工程建设监理的基本方法是一个系统,它由不可分割的若干个子系统组成。它们相互联系,互相支持,共同运行,形成一个完整的方法体系。这就是目标规划、动态控制、组织协调、信息管理和合同管理。

六、建设项目实施准备阶段的监理工作内容

建设项目实施准备阶段的监理工作内容包括以下内容。

(1) 审查施工单位选择的分包单位的资质。

(2) 监督检查施工单位质量保证体系、安全技术措施,完善质量管理程序与制度。

(3) 监察设计文件是否符合设计规范与标准,检查施工图纸是否能满足施工需要。

(4) 协助做好优化设计和改善设计工作。

(5) 参加设计单位向施工单位的技术交底。

(6) 审查施工单位上报的实施性组织施工设计,重点对施工方案、劳动力、材料、机械设备的组织及保证工程质量、安全、工期和控制造价等方面的措施进行监督,并向业主提出监理意见。

(7) 在单位工程开工前检查施工单位的复测资料,特别是两个相邻施工单位的测量资料、控制桩橛是否交接清楚,手续是否完善,质量有无问题,并对贯通测量、中线及水准桩的设置、固桩情况进行审查。

(8) 对重点工程部位的中线、水平控制进行复查。

(9) 监督落实各项施工条件,审批一般单项工程、单位工程的开工报告,并报业主审查。

七、建设工程施工阶段的监理

施工阶段园林工程建设监理的主要任务是在施工过程中根据施工阶段的预定的目标规划与计划,通过动态控制、组织协调、合同管理使工程建设项目的施工质量、进度和投资符合预定的目标要求。

第五节 园林工程的竣工验收

一、园林工程的竣工验收概述

园林工程的竣工验收是施工的最后一个法定程序。工程竣工验收后,甲、乙双方办理结算手续,终结合同关系。对于园林施工企业来说,工程竣工验收意味着完成了该产品合同文件中规定的生产任务,并将园林产品交付给了建设单位;而对于建设单位来说,工程验收是将园林产品的使用权和管理权接收过来,也是建设单位最后一次把关。

二、竣工验收的准备工作

竣工验收的准备工作包括竣工文件的整理和提交。施工企业应该在工程结束时,整理并提交工程竣工申请、请求检查书、工程进度表等文件,整理合同书、施工说明书、设计书、工程照片、各类试验结果表、证明书。以往的检查记录及确认其他工程所必要的各类文件;竣工图的编制与提交;准备竣工检查用器具。

三、竣工验收的程序

园林工程的交工验收一般可分为四个阶段,即分部、分项工程验收(包括隐蔽工程验收),中间验收,竣工验收和最终验收。

四、园林工程项目的交接

(一)工程移交

一个园林建设工程项目通过竣工验收后,并且有的工程还获得验收委员会的高度评价,但实际中

往往是或多或少地存在一些漏项以及工程质量方面的问题。因此，监理工程师要与承接施工单位协商一个有关工程收尾的工作计划，以便确定正式办理移交。当移交清点工作结束之后，监理工程师签发工程竣工移交证书（工程移交证书一式三份，建设单位、承接施工单位、监理单位各一份）。工程交接结束后，承接施工单位即应按照合同规定的时间内抓紧对临时建设设施的拆除和施工人员及机械的撤离工作，并做到现场清理干净。

（二）技术资料的移交

园林建设工程的主要技术资料是工程档案的重要部分，因此在正式验收时应该提供完整的工程技术档案。整理工程技术档案，是由建设单位、承接施工单位和监理工程师共同组成。通常做法是建设单位与监理工程师将保存的资料交给承接施工单位来完成，最后交给监理工程师校对审阅，确认符合要求后，再由承接施工单位档案部门按要求装订成册，统一验收保存。整理档案时要注意份数备足。

（三）其他移交工作

为确保工程在生产或使用中保持正常的运行，监理工程师还应督促做好以下各项的移交工作。

（1）使用保养提示书，对园林施工中某些新设备、新设施和新的工程材料等的使用和性能，写成"使用保养提示书"，以便使用部门能够掌握，正确操作。

（2）各类使用说明书及有关装配图纸。

（3）交接附属工具配件及备用材料。

（4）厂商及总、分包承接施工单位明细表。在移交工作中，监理工程师应与承接施工单位一起将工程使用的材料、设备的供应、生产厂家及分包单位列出一个明细表，以便于解决今后在长期使用中出现的具体问题。

（5）抄表，工程交接中，监理工程师还应协助建设单位与承接施工单位做好水表、电表及机电设备内存油料等数据的交接，以便双方财务往来结算。

五、园林工程竣工结算与决算

（一）园林工程竣工结算

园林工程竣工结算是指单项工程完成并达到验收标准，取得竣工验收合格签证后，园林施工企业与建设单位（业主）之间办理的工程财务结算。单项工程竣工验收后，由园林施工企业及时整理交工技术资料。主要工程应绘制竣工图、编制竣工结算以及施工合同及其补充协议、设计变更洽商等资料，送建设单位审查，经承发包双方达成一致意见后办理结算。

1. 工程竣工结算编制依据

工程竣工报告及工程竣工验收单；招、投标文件和施工图概（预）算以及经建设行政主管部门审查的建设工程施工合同书；设计变更通知单和施工现场工程变更洽商记录；按照有关部门规定及合同中有关条文规定持凭据进行结算的原始凭证；本地区现行的概（预）算定额，材料预算价格、费用定额有关文件规定；其他有关技术资料。

2. 工程竣工结算工作的步骤

汇总基础资料（内容有材料清单的汇总、编制与确认、设计变更、修改材料、核定单的手续等）、结算书（工程总造价）编制与审核、结算书审计。

3. 工程竣工结算方式

（1）决标或议标后的合同价加签证结算方式。

（2）施工图概（预）算加签证结算方式。

（3）预算包干结算方式，预算包干结算也称施工图预算加系数包干结算。

结算工程造价=经施工队单位审定后的施工图预算造价×（1＋包干系数），在签订合同条款时，预算外包干系数要明确包干内容及范围。

（4）平方米造价包干的结算方式，是双方根据一定的工程资料，事先协商好每平方米造价指标后，乘以建设面积。此种方式适用于广场铺装、草坪铺设等。

4．工程结算的编制程序

园林工程竣工结算的编制,因承包方式的不同而有所差异,其结算方法均应根据各省市建设工程造价(定额)管理部门、当地园林管理部和施工合同管理部门的有关规定办理工程结算,项目监理机构应按下列程序进行竣工结算。

① 承包单位按施工合同规定填报竣工结算报表。

② 专业监理工程师审核承包单位报送的竣工结算报表。

③ 总监理工程师审定竣工结算报表,与建设单位、承包单位协商一致后,签发竣工结算文件和最终的工程款支付证书报建设单位。

园林建设工程竣工结算书的格式,可结合各地区当地情况和需要自行设计计算表格,供结算使用。工程在结算过程中,最终的价款确定应当以合同约定的方式进行确认,否则会出现争议,甚至出现上法院打官司的现象。

(二)园林工程竣工决算

竣工验收的项目在办理验收手续之前,必须对所有财产和物资进行清理,编制好竣工决算,竣工决算是反映建设项目实际造价和投资效果的文件,是竣工验收报告的重要组成部分。

(1)园林建设项目的工程竣工决算是在建设项目或单项工程完工后,由建设单位财务及有关部门,以竣工结算、前期工程费用等资料为基础进行编制的。竣工决算全面反映了建设项目或单项工程从筹建到竣工使用全过程中各项资金的使用情况和设计概(预)算执行的结果,它是考核建设成本的重要依据。

(2)园林建设工程竣工决算内容包括从筹建到竣工投产全过程的全部实际支出费用,即建筑安装工程费用、设备器具购置费和其他费用组成等。竣工决算由竣工决算报表、竣工决算报告说明书、竣工工程平面图、工程造价比较分析四部分组成。

(3)竣工决算的编制。

① 竣工决算的依据。工程合同和有关规定;经

过审批的施工图预算,经审批的补充修正预算,预算外费用现场签证等;设计图纸交底或图纸会审的会议纪要,施工记录或施工签证单;设计变更通知单等相关记录;工程竣工报告和工程验收单等各种验收资料;停、复工报告;竣工图;材料、设备等调整差价记录;其他施工中发生的费用记录;各种结算材料。

② 竣工决算的编制方式和方法。根据审定的施工单位竣工结算等原始资料,对原概、预算进行调整,重新核定各单项工程和单位工程造价。属于增加固定资产价值的其他投资,如建设单位管理费、试验费、土地征用及拆迁补偿费等,应分摊到收益工程,随同收益工程交付使用的同时,一并计入新增固定资产价值。监理工程师要督促承接施工单位编制工程结算书,依据有关资料审查竣工结算并代建设单位编制竣工决算。竣工决算以施工图预算为基础进行编制的形式为主,常见的还有以下几种编制方法。

a．原施工图预算增建变更合并法,原施工图预算数值可以不动,只要将应增减的项目算出数值,并与原施工图预算合并即可。

b．分部分项工程重列法,是将原施工预算的各分部分项工程进行重新排列,按施工图预算形式,编制出竣工决算。适合于工程竣工后其项目较多的单位工程。

c．跨年工程竣工决算造价综合法,将各年度的决算额加以合并,形成一个单位工程全面的竣工决算书。

d．竣工决算的编制步骤:收集原始资料,调整计算工程量,选套预算定额单价,计算竣工费用。

在编制竣工决算表时注意要实事求是,和双方密切配合,原始资料齐全,对竣工项目实地观察,竣工决算要审定和上报。

六、施工总结

一项园林建设工程全部竣工后,施工企业应该认真进行总结,目的在于积累经验和吸取教训,以提

高经营管理水平。总结的中心内容是工期、质量和工程成本三个方面。

（一）工期

根据工程合同和施工总进度计划，工期从以下几方面总结分析。

（1）对工程项目建设总工期、单位工程工期、分部工程工期和分项工程工期，以计划工期同实际完成工期进行分析对比，并对各主要施工阶段工期控制进行分析。

（2）各种原材料、预制构件、设备设施、各类管线和加工订货的实际供应情况。

（3）关于新工艺、新技术、新结构、新材料和新设备的应用情况及效果评价。

（4）劳动组织、工种结构和各种施工机械的配置是否合理，是否达到定额水平。

（5）分析检查工程项目的均衡施工情况、各分项工程的协作及各主要工种工序的搭接情况。

（6）各项技术措施和安全措施的实际情况，是否能满足施工的需要。

（7）检查施工方案是否先进、合理、经济，并能有效地保证工期。

（二）质量

根据设计法规和国家规定的质量检验标准，质量从以下几方面进行总结分析。

（1）按国家规定的标准，评定工程质量达到的等级。

（2）对各分项工程进行质量评定分析。

（3）对重大质量事故进行总结分析。

（4）各项质量保证措施的实施情况，质量责任制的执行情况。

（三）工程成本

根据承包合同、国家和企业有关成本核算及管理办法，工程成本从以下几方面对比分析。

（1）总收入和总支出的对比分析。

（2）计划成本和实际成本的对比分析。

（3）人工成本和劳动生产率，材料、物质耗用量和定额预算的对比分析。

（4）施工机械利用率及其他各类费用的收支情况。

参 考 文 献

[1] 蔡如,韦松林.植物景观设计 [M].昆明:云南科技出版社,2005.

[2] 曹林娣.中国园林文学 [M].北京:中国建筑工业出版社,2005.

[3] 陈丙秋,张肖宁.铺装景观设计方法及应用 [M].北京:中国建筑工业出版社,2006.

[4] 陈杰,周鲁萌,蒋烨,等.现代园林景观设计基础 [M].长沙:湖南人民出版社,2015.

[5] 邓位.景观的感知:走向景观符号学 [J].世界建筑,2006(7):47-50.

[6] 顾小玲.景观设计艺术 [M].南京:东南大学出版社,2004.

[7] 公伟,武慧兰,郑曙旸,等.景观设计基础与原理 [M].北京:中国水利水电出版社,2011.

[8] 金煜.园林植物景观设计 [M].沈阳:辽宁科技出版社,2008.

[9] 姜黎.园林景观设计 [M].沈阳:辽宁美术出版社,2013.

[10] 李铮生.城市园林绿地规划与设计 [M].2 版.北京:中国建筑工业出版社,2006.

[11] 刘滨谊.现代景观规划设计 [M].南京:东南大学出版社,2005.

[12] 刘骏.城市绿地系统规划与设计 [M].北京:中国建筑工业出版社,2004.

[13] 廖建军.园林景观设计基础 [M].长沙:湖南大学出版社,2016.

[14] 鲁敏.园林景观设计 [M].北京:科学出版社,2005.

[15] 马克辛.景观设计基础 [M].北京:高等教育出版社,2008.

[16] [美]诺曼·K.布思.风景园林设计要素 [M].曹礼昆,曹德鲲,译.北京:中国林业出版社,2006.

[17] 尚磊,杨瑁.景观规划设计方法与程序 [M].北京:中国水利水电出版社,2007.

[18] 舒湘鄂.景观设计 [M].上海:东华大学出版社,2006.

[19] 吴为廉.景观与景园建筑工程规划设计 [M].北京:中国建筑工业出版社,2005.

[20] 薛健.园林与景观设计资料集——水体与水景设计 [M].北京:知识产权出版社,2008.

[21] 尹吉光.图解园林植物造景 [M].北京:机械工业出版社,2007.

[22] 于东飞.景观设计基础 [M].北京:中国建筑工业出版社,2017.

[23] 张晓燕.景观设计理念与应用 [M].北京:中国水利水电出版社,2007.

[24] 张纵.园林与庭院设计 [M].北京:机械工业出版社,2004.

[25] 赵军,周贤.景观设计基础 [M].西安:陕西人民美术出版社,2011.

[26] 周玉明,徐明.景观规划设计 [M].苏州:苏州大学出版社,2006.